天気のしくみDVDを見てみよう！

このDVD（全50分・本編45分）には、監修者の武田康男先生が撮り続けてきた天気の貴重映像や、編集部が集めた迫力映像などが収められています。さあ、空の世界を探検してみましょう！

DVDのメニュー

パート1　雲のきほん
天気や気象を理解するために、身近な雲の種類を見てみよう！
◆積雲　◆層雲　◆巻雲　◆巻層雲　◆巻積雲　◆高積雲　◆高層雲
◆乱層雲　◆層積雲　◆積乱雲　◆雲海　◆霧　◆積乱雲の一生

パート2　変化する天気
雲の変わった特徴や形に注目して、天気予報に挑戦してみよう！
◆かなとこ雲　◆飛行機雲　◆さば雲　◆かさ雲　◆つるし雲　◆乳房雲
◆ちぎれ雲　◆夕焼け雲

パート3　台風に大接近！
台風が近づくときのようすに注目！台風の目に突入した特別映像も公開！
◆台風の接近　◆高潮・高波　◆台風の目　◆台風の一生
◆台風の目に突入！

パート4　はげしい天気
ときには人間にもおそいかかる危険な天気。迫力映像を見てみよう！
◆雷　◆吹雪　◆ひょう　◆春一番　◆つむじ風　◆竜巻

パート5　美しい天気
太陽の光が空に美しい景色を見せてくれることがある！
◆虹　◆彩雲　◆光芒　◆幻日　◆ブロッケン現象　◆しんきろう
◆日の出と日の入り　◆オーロラ

積乱雲の発達に注目！
積乱雲が空高くまで成長するようすがわかるよ！

台風の目に突入！
超貴重！台風の中の雲のようすがわかるぞ！

大迫力の映像もたくさん！
雷のしくみをCG映像などといっしょに解説するよ！

■**DVDの取り扱い上の注意**　・ディスクは両面ともに、指紋、汚れ、傷等をつけないように扱ってください。・ディスクは両面ともに、鉛筆・ボールペン・油性ペン等で文字や絵をかいたり、シール等を貼り付けないでください。・ディスクが汚れた場合は、眼鏡ふきのような柔らかい布で、内側から外側に向かって放射状に軽く拭いてください。・レコードクリーナー、ベンジン・シンナーの溶剤、静電気防止剤は使用しないでください。・直射日光のあたる場所、高温・多湿な場所での保管は、データの破損につながることがあります。また、ディスクの上から重いものを乗せることも同様です。
■**利用についての注意**　・DVDビデオは、映像と音声を高密度に記録したディスクです。DVDのロゴマークがついた、DVD対応プレイヤーで再生してください。DVDドライブがついたパソコンでも対応できます。（ごく稀に、一部のDVDプレイヤーでは再生できないことがあります。また、パソコンの場合も、OSや再生ソフト、マシンスペック等により再生できないことがあります。この場合は、各プレイヤー、パソコン、再生ソフトのメーカーにお問い合わせください。）・このDVDを個人で使用する以外は、権利者の許諾なく譲渡・貸与・複製・放送・有線放送・インターネット・上映などで使用することを禁じます。図書館での貸与は、館外は認めません。
■**お問い合わせ先**　株式会社学研プラス　電話 03-6431-1280　受付時間 11:00～17:00（土日祝日・年末年始を除く）
■**DVDの破損や不具合に関するお問い合わせ先**　DVDサポートセンター　電話 0120-500-627　受付時間 10:00～17:00（土日祝日を除く）

⚠ **ご使用になる前に必ずお読みください。**●本来の目的以外の使い方はしないでください。●直射日光の当たる場所で使用、または放置・保管しないでください。反射光で火災が起きるおそれや、目をいためるおそれがあります。●ディスクを投げたり、振り回すなどの乱暴な扱いはしないでください。●ひび割れ・変形・接着剤で補修したディスクは使用しないでください。●火気に近づけたり、熱源のそばに放置したりしないでください。●使用後はケースに入れ、幼児の手の届かないところに保管してください。

学研の図鑑 LIVE eco

異常気象
天気のしくみ

［監修］
武田康男
気象予報士・空の写真家

はじめに

　近年、異常気象がふえ、各地で気象災害が起きています。これは日本のみならず世界的なことで、地球温暖化など気候の変化が関係しているといわれています。ただ、天気や気象のしくみはとても複雑で、さまざまなことが関わり合っていて、地球大気に起こっているひとつひとつを理解し、それらを結びつけなければなりません。

　空は地球内部とちがい、「見える」ことがたくさんあります。この本でたくさんの写真や図を使ったのは、どこで何がどのように起きているのか、さまざまな視点から確かめてほしいためです。風がふき、雲がわき、雨がふってこそ、わたしたちは生活できます。空と向き合い、美しい光景を楽しむときもあれば、強風や大雨にそなえることも必要です。空が好きになれば、空のことがどんどんわかるようになります。

武田康男

学研の図鑑 LIVE eco
異常気象 天気のしくみ

もくじ

天気のしくみDVDを見てみよう！　前見返し
10種雲形の見分け方　　　　　　後ろ見返し

はじめに ——————————— 2
もくじ・この図鑑に出てくる記号 ——— 4
異常気象とは ————————— 6
さくいん ——————————— 138

第1章 雲 ——— 12

- 雲のしくみ ——————— 14
- 雲の大分類 ——————— 16
- 積乱雲の一生 —————— 28
- 雲の「種」 ———————— 30
- 雲の「変種」 ——————— 34
- 雲の「副変種」 —————— 36
- 特殊な雲 ———————— 40

▲かなとこ雲（➡36ページ）

● この図鑑に出てくる主な記号

記号	読み方	説明
hPa	ヘクトパスカル	気圧の単位。1気圧はほぼ1013hPa。
℃	ど	1気圧で水がこおる温度をセ氏0度、ふっとうする温度をセ氏100度とした温度の単位。
km	キロメートル	長さの単位。1kmは1000m。
m	メートル	長さの単位。1mは100cm。
cm	センチメートル	長さの単位。1cmは10mm。
mm	ミリメートル	長さの単位。雨量はmmであらわす。
m³	りっぽうメートル	たて、横、高さが1mの立方体と同じ体積のこと。1mは100cmだから1m³は100万cm³。
g	グラム	重さの単位。たて、横、高さが1cmの水の重さが1g。1kgは1000g。

第2章 水 ——— 44

- 地球をめぐる水 —————— 46
- 霧 ——————————— 48
- 雨 ——————————— 50
- 雪 ——————————— 52
- 雷 ——————————— 54

▲霜柱（➡49ページ）

第3章 光 ——— 58

- 虹 ——————————— 60
- 朝焼け・夕焼け —————— 62
- 青空 —————————— 64
- しんきろう ——————— 66
- オーロラ ———————— 68
- 光の気象現象図鑑 ———— 70

▲夕焼け（➡62ページ）

第4章 風 ——— 78

- 大気のしくみ ——— 80
- 大気と太陽エネルギー ——— 82
- 大気の動き ——— 84
- さまざまな風 ——— 86
- 低気圧と高気圧 ——— 88
- 前線 ——— 90
- 台風① しくみ ——— 92
- 台風② 被害 ——— 94
- 竜巻・つむじ風 ——— 96

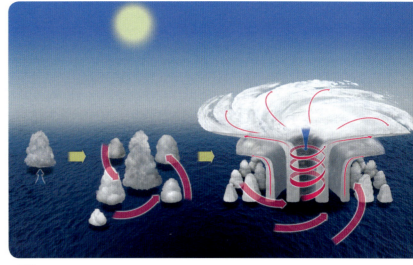

▲台風のしくみ（➡92ページ）

第5章 異常気象と気象災害 ——— 108

- エルニーニョ・ラニーニャ現象 ——— 110
- 猛暑 ——— 112
- 大雨① 局地的大雨（ゲリラ豪雨）——— 114
- 大雨② 集中豪雨 ——— 116
- 豪雪 ——— 118
- 大気汚染 ——— 120
- 地球温暖化 ——— 122
- 地球規模の災害 ——— 124

▶ゲリラ豪雨（➡114ページ）

コラム

気象と人類の歴史 ——— 42
世界の気象現象 ——— 56
天気のことば ——— 76
日本の四季と二十四節気 ——— 98
　春 ——— 100
　夏 ——— 102
　秋 ——— 104
　冬 ——— 106
気候変動 ——— 126

LIVE eco 情報ページ

気象観測 ——— 128
天気予報 ——— 130
天気図の読み方 ——— 132
観察してみよう！ ——— 134
そなえよう！ ——— 136

▲日ごろのそなえ（➡136ページ）

▲観天望気（➡76ページ）　▲四字熟語（➡77ページ）

異常気象とは

テレビのニュースなどでは、猛暑や大雨、大雪など、「きょくたんな気象現象」のことを異常気象とよぶことがあります。一方、気象庁では、ある地域や季節で30年に1度以下しか起きないような現象のことを異常気象と定めています。いずれにしても、気象による災害は今後、ふえていくと考えられています。
気象現象は、美しい姿を見せてくれることもあれば、ときに人間におそいかかることもあります。たえず変わり続ける地球環境に目を向けてみましょう。

スーパー台風

◀2016年9月に発生した台風14号（アジア名は「ムーランティー」）は、「スーパー台風」級の勢力で台湾におそいかかりました。上陸時の最大風速は毎秒64mで、強風と豪雨による被害をもたらしました。スーパー台風は、風速が毎秒67m以上のものですが、今後、そのような強い台風の発生がふえていくとみられています。（→94ページ）

▼2015年3月に発生してミクロネシアなどに大きな被害をあたえたスーパー台風（国際宇宙ステーションから撮影したようす）。日本では台風4号、アジアでは「メイサーク」とよばれ、最大風速は毎秒71mともいわれています。

集中豪雨

▲2017年7月、福岡県と大分県を中心に集中豪雨が発生。多数の死者・行方不明者が出る大惨事になり、土砂くずれが起きた場所では川がせきとめられてしまいました。日本では、ここ数年でもうれつな雨のふる回数がふえる傾向にあります。（➡116ページ）

豪雪

▲異常気象は、暑さによる現象だけではありません。2018年2月、福井県では積雪のため国道8号の約10km区間にわたって1500台もの車が立ち往生しました。異常な寒波がもたらした豪雪は、北陸地方をおそい、各地で記録的な大雪となりました。主な原因は日本上空を流れるジェット気流が大きくうねり、強い寒気を運んできたためと考えられています。（➡118ページ）

はげしい気象に気をつけろ！

雷や竜巻、ひょうなどの気象現象は、積乱雲という大きな雲からもたらされます。これらは異常気象ではなく「きょくたんな気象現象」ですが、わたしたちが注意しなければならない危険なものばかり。大きな積乱雲が近づきそうなときは、すぐに避難しましょう。

竜巻

▲2013年9月、埼玉県で発生した竜巻です。被害の範囲は約19kmにもおよび、住宅がこわれるなどの被害が発生しました。竜巻はひじょうに危険で、強風によって建物などがこわれるだけでなく、突風でまき上げられたがれきなどがあたって大けがをする可能性があります。（→96ページ）

ひょう

▲2016年4月6日、中国の貴州省でふってきた巨大なひょう。ひょうは積乱雲の中で上昇と下降をくり返して大きくなります。大きければ大きいほど落下速度は速くなるので、ひょうがふってきたときはじょうぶな建物の中にいち早く避難しなければなりません。（→50ページ）

落雷

◀2012年8月17日、大阪空港に落ちた強い雷。積乱雲は雷を発生させる雲で、「かみなり雲」ともよばれます。雷の正体は、空気中を流れる強い電気です。落ちた場所の近くにいるだけでも、命の危険にさらされることがあります。(➡54ページ)

地球が熱くなっている？

大気におおわれた地球は、太陽のエネルギーが出入りすることで平均気温がつねに一定に保たれています。しかし、大気中に「温室効果ガス」である二酸化炭素などがこのままふえ続けてそのバランスがくずれると、地球の気温は上昇していくと考えられています。こうした現象は「地球温暖化」とよばれ、人間社会への影響が心配されています。

大気汚染

▲2017年10月に撮影されたインドの道路のようすです。インドは中国とならび、大気汚染が深刻化している国のひとつです。ディーゼル車がふえたことで排気ガスがまんえんし、目がいたくなるほど大気がよごれている地域もあります。気温の変化とともに、人体に直接悪影響をおよぼしています。
（➡120ページ）

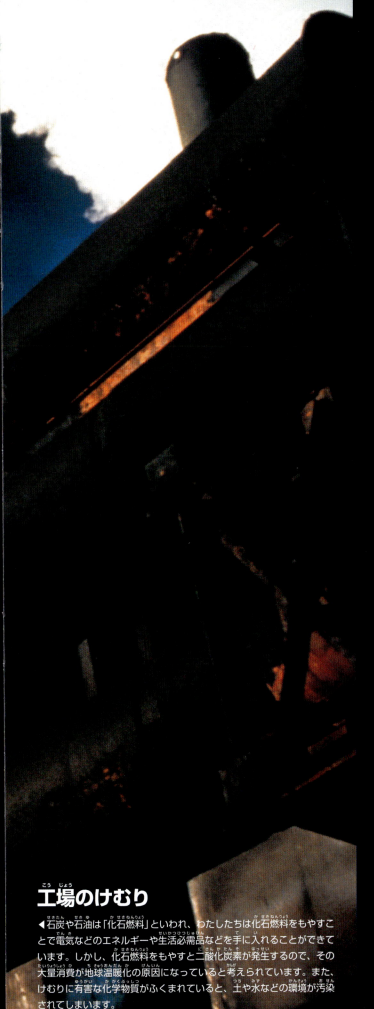

工場のけむり

◀石炭や石油は「化石燃料」といわれ、わたしたちは化石燃料をもやすことで電気などのエネルギーや生活必需品などを手に入れることができています。しかし、化石燃料をもやすと二酸化炭素が発生するので、その大量消費が地球温暖化の原因になっていると考えられています。また、けむりに有害な化学物質がふくまれていると、土や水などの環境が汚染されてしまいます。

干ばつ

▲異常気象は豪雨による水害だけではありません。地域によっては水不足や日照りといった気象災害が起こる可能性もあります。2017年から、南アフリカの首都ケープタウンでは水不足が深刻化しています。原因のひとつとしてエルニーニョ現象の影響で雨が少なくなったと考えられ、「100年に1度の干ばつ」とよばれています。

11

第1章
雲 天気の基本がわかる

あるときは青い空にぽっかりとうかんだり、あるときは空全体をおおったりなど、雲はさまざまな姿をわたしたちに見せてくれます。第1章では、雲ができるしくみなどを紹介するとともに、さまざまな雲を分類して写真で紹介します。

▶さまざまな高さにできる雲
富士山5合目から撮影された雲。空の高いところや低いところなど、ことなる高さに雲ができていることがわかります。高さだけでなく、ことなる動きもしていました。

雲のしくみ

上昇気流で生まれる雲のつぶ 📀DVD

雲▶天気の基本がわかる

空にうかぶ雲は、とても小さな水や氷からなる「雲つぶ」がたくさん集まってできています。雲は、「上昇気流」といって、上に向かう気流が発生したときにできます。水蒸気をふくんだ空気が上空に上がっていくことで、たくさんの雲つぶができて雲になるのです。

❺雲ができる
雲つぶがたくさん集まって雲になる。さらに、空のもっと高いところで気温がマイナス20℃くらいになると、水のつぶがこおって氷のつぶになる。

氷のつぶ
水のつぶ

❹雲つぶができ始める
空気の温度が下がっていくと、水蒸気は空気にふくみきれなくなる。水蒸気は空気中のちりにくっついて、小さな水のつぶになる。これを「雲つぶ（雲のつぶ）」という。

水蒸気
ちり → 雲つぶ

❸空気の温度が下がる
上空では気圧が低いため、上昇していった空気はふくらむ。また、空気はふくらむと温度が下がる性質があり、上空へ行けば行くほど空気の温度は下がっていく。

❷上昇気流が生まれる
あたためられた空気は軽くなって上昇する。

❶空気があたためられる
太陽の光で地表面があたためられると、すぐ上の空気の温度が上がるとともに、水が蒸発して水蒸気になる。空気には水蒸気がたくさんふくまれる。

水蒸気
空気のかたまり
ちり
水蒸気
海

Q 雲が消えるのはなぜ？

雲のまわりの空気が乾燥していると、雲つぶは蒸発してしまい、雲がだんだんと消えてしまうことがあります。乾燥しているということは空気中の水蒸気が少ないということなので、新しい雲つぶができません。そのようなとき、雲は消えたように見えますが、目に見えない水蒸気となって空気中をただよっています。

◀寒いところで息をはくと、息が白く見えます。これは、はいた空気が冷えて、息にふくまれる水蒸気が水のつぶになるためです。白い息が出たり、すぐ消えたりするのも、雲があらわれたり消えたりするのと理由がにています。

📝メモ　南極はとても寒い場所ですが、息をはいても白く見えません。これは大気がすんでいて、空気中のちりが少ないためです。

14

雲をつくる上昇気流

雲は、水蒸気をふくんだ空気が上昇気流にのって上空に上がっていくとできます。
上昇気流が発生する原因はいくつかあります。

強い日差しで地面があたたまったとき

あたためられた空気は軽くなって上昇し、上空で冷やされて雲になります。

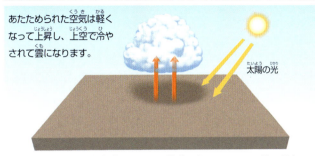

▲太陽の光が地面や海水面にあたって温度が上がると、その上の空気があたためられて上昇し、雲ができます。

あたたかい空気と冷たい空気がぶつかったとき

あたたかい空気が冷たい空気におし上げられて上昇し、上空で冷やされて雲になります。

▲温暖前線（→90ページ）などのように、あたたかい空気と冷たい空気がぶつかると、あたたかい空気の方が軽いので、上昇して雲ができます。

山の斜面に風がふきつけたとき

空気が風となって山の斜面を上昇し、上空で冷やされて雲になります。

▲山に向かって風がふくと、空気が山の斜面にそって上昇していきます。上昇した空気が冷えると雲になります。

気圧の低い場所に風が集まったとき

気圧の低い場所に空気が流れこみ、上昇すると、上空で冷やされてたくさんの雲になります。

▲気圧の低い場所（→86ページ）では、まわりから風が集まって上昇気流となり、たくさんの雲ができます。

雲の色

雲つぶに色はついていませんが、太陽の光によってさまざまな色に見えることがあります。白く見えるのは、雲つぶが太陽の強い光を反射しているからで、灰色や黒色に見えるのは、雲が厚くて太陽の光がとどかず影ができるためです。また、朝日や夕日の色によって赤く見えたり、黄色に見えることもあります（→3章）。いろいろな色の雲をさがしてみましょう。

▲さまざまな色を見せる雲。これらはすべて太陽の光が生み出すものです。

Q 雲は、なぜ落ちてこないの？

雲は落ちてこないように見えるだけで、実際には落ちようとしています。風がなければ、ひとつひとつの雲つぶはいつも落ちつつあります。ただし、雲つぶは直径0.1mm以下ととても小さくて軽いので、落下速度はとてもゆっくりです。また、高度が下がると気温が上がるので、落ちてきた雲つぶは蒸発します。また、上昇気流があるときは空気が上がってきて、新しい雲つぶが次つぎにできます。

▶よく晴れた日に、低い空にできた積雲。

メモ　日本は山がちなので雲ができやすく、雨がよくふります。逆に大陸の広大な平原は雨が少なく乾燥しています。

「10種雲形」をさがそう！ 📀DVD
雲の大分類

雲 ▶▶▶ 天気の基本がわかる

雲ができる高さや雲の形によって、雲は大きく10種類に分けられます。この分け方は世界共通で、「10種雲形」とよびます。また、10種の雲はさらに細かく分けられ、雲の形や高さによる分類（種）、雲の厚さやならび方による分類（変種）、雲の部分的な特ちょうなどによる分類（副変種）などがあります。雲を知ることで、空の状態がよくわかります。

雲の名前と意味

10種雲形の名前には「巻」「高」「層」「積」「乱」の文字が組み合わせて使われています。これらはそれぞれに意味があり、高さや形などの特ちょうをあらわしています。これは雲がはじめて分類されたときの学名にもとづくものです。

文字	意味	学名（ラテン語）
巻	上層にできる	Cirrus（シーラス）
高	中層にできる	Alto-（Altum）（アルト アルタム）
層	横に広がる	Stratus（ストレイタス）
積	かたまりになる	Cumulus（キュミュラス）
乱	雨をふらせる	Nimbus（ニンバス）

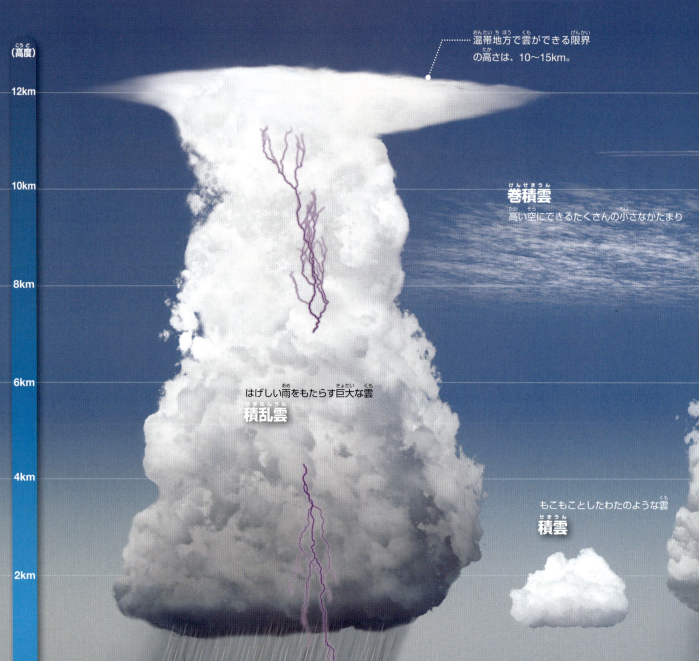

温帯地方で雲ができる限界の高さは、10〜15km。

（高度）
12km
10km　巻積雲　高い空にできるたくさんの小さなかたまり
8km
6km　はげしい雨をもたらす巨大な雲　積乱雲
4km
2km　　　　　　　　　　　　　もこもことしたわたのような雲　積雲

📝メモ　1803年、イギリスのルーク・ハワード（1772〜1864）は、はじめて雲の基本的な形を分類しましたが、当時は層雲、積雲、巻雲の3つだけでした。

16

雲ができる高さ

雲は発生する高さによって、上層雲（高い空にできる雲）、中層雲（やや高い空にできる雲）、下層雲（低い空にできる雲）に分類できます。また、下層から中層や上層まで広がる積乱雲や積雲は、強い上昇気流によって発達するので対流雲といいます。それぞれ見た目などの特ちょうによって別のよび方もあります。右では主なものを表にしています。

▶雲ができる高さは、温帯地方のものです。極地方ではこれよりもやや低くなり、逆に熱帯地方ではやや高くなります。

雲の高さ	雲の名前	別のよび名
上層雲 （5～13km）	巻雲	すじ雲
	巻積雲	うろこ雲、いわし雲、さば雲
	巻層雲	うす雲
中層雲 （2～7km）	高積雲	ひつじ雲
	高層雲	おぼろ雲
	乱層雲	あま雲、ゆき雲
下層雲 （地表付近～2km）	層積雲	うね雲、くもり雲
	層雲	きり雲
対流雲	積乱雲	にゅうどう雲、かみなり雲
	積雲	わた雲、にゅうどう雲

雲の高さを知るコツはあるの？

高い場所にできる雲は、雲の形から判別することもできますが、空を飛ぶジェット機が目印になることもあります。ジェット機は、高度約10km付近を飛ぶためです。一方、低い場所にできる雲は、動くとすぐに見えなくなってしまったり、超高層ビルや高い山の上の方をかくすことがあったりするので、おおよその高さを知ることができます。雲の高さにある山や人工物などの目印があると、雲の高さを知る手がかりになることがあります。

ジェット旅客機は高度10km付近を飛ぶ。

巻層雲 うっすらと明るく空をおおう

巻雲 高い空にできる、すじの形をした雲

乱層雲 しとしと雨をふらせる暗い雲

高層雲 空に広がる灰色の雲

高積雲 丸みのあるたくさんのかたまり

層積雲 でこぼこに広がる低い雲

層雲 地面や海面の上に広がるいちばん低い雲

メモ ジェット機が高度約10kmを飛ぶのは、空気がうすくて抵抗が少ない一方、エンジンで推進力を生むために必要なだけの空気があるからです。

雲の大分類（10種雲形）

雲▶天気の基本がわかる

すじの形をした雲
巻雲
[学　名] *Cirrus*
[別　名] すじ雲

10種雲形のうち、いちばん高いところにできる白い雲です。はけではいたあとのような、すじの形をしていて、厚みがありません。

[雲ができる高さ] 0km　2km　5km　7km　13km

[　種　] 毛状雲、かぎ状雲、濃密雲、塔状雲、房状雲
[変　種] もつれ雲、ろっ骨雲、放射状雲、二重雲
[副変種] 乳房雲、K-H波雲

天気のようす　西から低気圧が近づいてくるときに、巻雲は最初にあらわれます。さらに低気圧が近づいて巻積雲や高層雲があらわれるようになると、しだいに天気が悪くなって雨がふることがあります。

巻雲のでき方

　巻雲ができる高さのところは、気温がマイナス20～マイナス60℃ほどなので、雲は氷のつぶでできています。雲をつくる氷のつぶが下に落ちながら、風で流されてすじの形になります。

▲巻雲のかぎ状雲。巻雲のすじから、上空の風向きがわかります。

見分け方のポイント

　すじの形をした雲は、巻雲以外にありません。高い空ですじの形をした白い雲があれば巻雲です。高い空の飛行機と同じ高さに見えることがあります。

▲雲がたくさんならんだようすが巻積雲のようにも見えますが、ひとつひとつの雲のりんかくが、はけではいたあとのように見えます。

メモ　巻雲は一年を通して高い空に発生しますが、春や秋にはジェット気流（➡85ページ）にともなってよく見られます。

たくさんの小さな雲のかたまり
巻積雲

[学名] *Cirrocumulus*
[別名] うろこ雲、いわし雲、さば雲

[雲ができる高さ]
0km　2km　5km　7km　13km

[種] 塔状雲、房状雲、層状雲、レンズ雲
[変種] 波状雲、はちの巣状雲
[副変種] 乳房雲、尾流雲、穴あき雲

白い小さな雲のかたまりが、たくさん見えます。そのようすが、魚のうろこ、イワシの群れ、サバの背のもようのように見えることがあります。

天気のようす　低気圧が近づいてきて、巻雲のあとに巻積雲があらわれたら、しだいに天気が悪くなって、1～3日後に雨がふることがあります。また、夏から秋に台風が近づく前にも見られます。

巻積雲のでき方

空の高いところで、空気が上下方向にうずをまくようにぐるぐる回り、空気が上昇しているところで、ひとつひとつの雲のかたまりができます。雲のほとんどは水のつぶでできています。

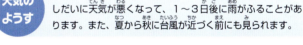

見分け方のポイント

高積雲ににていますが、巻積雲はもっと空の高い場所にあり、ひとつひとつの雲のかたまりは小さく、色も白いです。ひとつひとつの雲は、手をのばして人さし指を立ててくらべてみたとき、指でかくれてしまうほどの大きさです。

▲高い空は空気がうすく水蒸気も少ないので、雲に厚みがなくて白く見えます。

▲うす雲のようにも見えますが、のっぺりと一様に広がっているのではなく、さざ波が立っているようなもようが見えます。

　巻積雲をつくる水のつぶは「過冷却水」（→50ページ）といって、氷点下でもこおらない水です。

19

雲の大分類（10種雲形）

雲 ▶▶ 天気の基本がわかる

うっすらと明るく空をおおう
巻層雲
[学名] *Cirrostratus*
[別名] うす雲

[種] 毛状雲、霧状雲
[変種] 波状雲、二重雲
[副変種] なし

[雲ができる高さ]
0km　2km　5km　7km　13km

とてもうすく広がる雲で「うす雲」ともよばれ、雲があるのかないのかわからないほど、うすいこともあります。日がさや幻日などの現象が見られることがあります。

天気のようす　低気圧が近づいていると、巻層雲があらわれたあとに高層雲などのやや低くて灰色の雲が出てくることがあります。そのようなときは天気がくずれる前兆です。

巻層雲のでき方

雲は氷のつぶでできています。巻雲と同じくらいの高さにでき、ひとつひとつの巻雲がまとまったり、高層雲がうすくなったりすることでもできます。

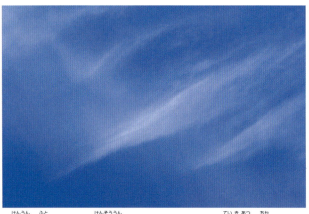

▲巻雲が太くなって、巻層雲になろうとしています。低気圧が近づきつつあるので、やがて天気が悪くなるでしょう。

見分け方のポイント

高層雲とにていますが、巻層雲のときの方が空が明るいです。また、「日がさ」（→71ページ）が見えていたら巻層雲です。

▲巻層雲にあらわれた「日がさ」。水のつぶでできている高層雲では、日がさは見られません。太陽は直接見ないように注意しましょう。

メモ　世界気象機関（WMO）が定めた雲の分類を「国際雲図帳」といいます。国際雲図帳は、2017年に30年ぶりに改訂されました。

丸みのあるたくさんのかたまり
高積雲

[学 名] *Altocumulus*
[別 名] ひつじ雲

やや高い空に雲のかたまりがたくさんならび、ヒツジの群れのように見えることから「ひつじ雲」ともよばれます。厚みがあると、下側が灰色に見えることがあります。

[雲ができる高さ]

0km　2km　5km　7km　13km

[種] 塔状雲、房状雲、層状雲、レンズ雲、ロール雲
[変種] 波状雲、放射状雲、はちの巣状雲、二重雲、半透明雲、すきま雲、不透明雲
[副変種] 乳房雲、尾流雲、穴あき雲、K-H波雲、アスペリタス雲

天気のようす
高積雲のひとつひとつの雲どうしのすきまからほかの雲が見えたり、雲どうしのすきまがなくなったりすると、その後、雨になる可能性があります。

高積雲のでき方
空のやや高い場所で、空気が上下方向にうずをまくようにぐるぐる回り、空気が上昇しているところでひとつひとつの雲のかたまりができます。巻積雲とでき方がにていますが、できる高さがちがいます。

見分け方のポイント
巻積雲とにていますが、高積雲の方が低いところにあり、雲のかたまりが巻積雲より大きく見えます。また、雲の下の方が、巻積雲は白いのですが、高積雲は少し暗い色をしています。

▲雲は水のつぶでできていて、水蒸気が多いと雲がどんどんふえて空をうめつくすようになります。

▼高積雲のレンズ雲。どんどん形が変わります。ひとつひとつの雲は、手をのばして人さし指を立ててくらべてみたとき、指よりも大きく見えます。

メモ　高積雲はくっついたりはなれたりする変化の多い雲です。太陽の近くにあるときは「彩雲」（→72ページ）が見られることがあります。

21

雲の大分類（10種雲形）

雲 ▶ 天気の基本がわかる

空に広がる灰色の雲
高層雲
[学名] *Altostratus*
[別名] おぼろ雲

やや高い空を厚いベールがおおったように広がる雲です。表面にもようなどはあまり見られません。太陽や月のりんかくがぼやけて見えるので「おぼろ雲」とよばれます。

[雲ができる高さ]

0km　2km　5km　7km　13km

[種] なし
[変種] 波状雲、放射状雲、二重雲、半透明雲、不透明雲
[副変種] 乳房雲、尾流雲、降水雲、ちぎれ雲

天気のようす　低気圧が近づいてくるときにできることが多く、高層雲が厚くなって乱層雲に変わると雨がふってきます。低気圧が通りすぎたあとで、天気がよくなっていくときにも出ることがあります。

高層雲のでき方
あたたかい空気と冷たい空気がぶつかって、あたたかい空気が広い範囲で上昇したときにできます。雲は水のつぶでできています。

▲高層雲の下側がたれ下がって乱層雲になろうとしています。地上から高層雲の全体を見ることはほとんどできません。

見分け方のポイント
厚い巻層雲とにていますが、高層雲の方がずっと暗く、日がさや月がさも見られません。また、巻層雲では太陽の光によって地面に影ができますが、高層雲では影ができません。

▲高層雲では、太陽がぼんやりとしか見えません。

 高層雲が空をおおって、りんかくがぼやけて見える月を「おぼろ月」といいます。

しとしと雨をふらせる暗い雲
乱層雲

[学名] ***Nimbostratus***
[別名] あま雲、ゆき雲

[雲ができる高さ]

0km　2km　5km　7km　13km

[種] なし
[変種] なし
[副変種] 尾流雲、降水雲、ちぎれ雲

空全体をおおうほど広がり、暗い灰色をしていて、しとしと雨や雪をふらせます。背が高くて厚くなったり、雲の底が500mくらいの高さまで下がったりもします。

天気のようす　しとしとした雨がふり続きます。積乱雲にくらべると厚みがないので、雲の中で雨つぶがそれほど大きくなりません。そのため、はげしい雨になることはありません。

乱層雲のでき方

温暖前線の近くでは、あたたかくしめった空気が冷たい空気の上に乗り上げるようにして上昇することで、高層雲が厚くなっていって乱層雲になることが多いです。雨つぶは小さく、広い範囲で雨がふります。

見分け方のポイント

高層雲とにていますが、乱層雲の方が暗い灰色をしており、雨や雪がふります。太陽や月も見えません。雨をふらせる雲には積乱雲と乱層雲がありますが、しとしと雨がふっているときは乱層雲です。

▼ゆき雲。乱層雲のほとんどは水のつぶでできていますが、地表付近が0℃以下の場合は、ゆき雲となって雪をふらせます。

▲乱層雲から雨のすじがたれ下がっています。雨つぶが小さいので、風に流されながら落ちています。これを降水雲といいます。

 乱層雲には、「種」や「変種」がありません。それだけ見た目の変化が少ない雲だといえます。

雲の大分類（10種雲形）

雲 ▶ 天気の基本がわかる

でこぼこに広がる低い雲
層積雲
[学名] *Stratocumulus*
[別名] うね雲、くもり雲

[雲ができる高さ] 0km 2km 5km 7km 13km

[種] 塔状雲、層状雲、レンズ雲、ロール雲
[変種] 波状雲、放射状雲、はちの巣状雲、二重雲、半透明雲、すきま雲、不透明雲
[副変種] 乳房雲、尾流雲、穴あき雲、K-H波雲、アスペリタス雲、降水雲

雲のかたまりがもこもこと集まって空をおおう「くもり雲」や、畑のうねのような雲がならぶ「うね雲」など、低い空にあらわれて、さまざまな形が見られる雲です。

天気のようす どんよりしたくもり空にもなりますが、天気がくずれることはほとんどありません。ただし、だんだん厚みをましていくと、ごくまれに弱い雨や雪が、短い時間ふることがあります。

層積雲のでき方
朝などに地面近くの空気が冷えると、層雲が発達して層積雲になることがあります。また、積雲が夕方になって水平方向に広がるようにしてすきまをつめていき、まだら状の層積雲になったりします。

見分け方のポイント
空の低いところに層雲や積雲とはちがう雲があれば、ほとんどが層積雲です。積雲とくらべて背が低く、たくさん集まっているのが特ちょうです。高積雲とちがってひとつひとつの雲が大きく、下側は灰色に見えます。

▲空をおおいつくす波もようの層積雲。雲の上下で風の向きや速さがちがうと雲が波打って見えることがあります。

▲ロール雲。ロールケーキのように細長い形をすることも多くあります。

メモ 層積雲では、雲のすきまから太陽の光がもれて、「光芒」（→73ページ）が見られることがあります。

地表面の上に広がるいちばん低い雲

層雲

[学名] *Stratus*
[別名] きり雲

[雲ができる高さ] 0km 2km 5km 7km 13km

[種] 霧状雲、断片雲
[変種] 波状雲、半透明雲、不透明雲
[副変種] K-H波雲、降水雲

空のいちばん低いところにあらわれて、川や湖、朝方の盆地などでよく見られます。霧が地面からはなれたものは層雲となり、「きり雲」ともよばれます。

天気のようす 朝方や雨上がりの夕方などにときどき見られ、まれに霧雨がふることがあります。朝方に出た層雲は、日がのぼってあたたかくなるとやがて消えてしまいます。

層雲のでき方

冷たい地面や水面の上に、あたたかくしめった空気がやってくると、空気が冷やされて層雲ができます。また、地面近くでできた霧が、あたたまって上昇したり、山の斜面を上がったりして、層雲になることもあります。

見分け方のポイント

同じ下層にできる層積雲よりもさらに低い場所にできます。乱層雲も発達すると雲の底はかなり低くなりますが、霧雨ぐらいの雨なら層雲、しとしと雨がふってきたとしたら乱層雲です。

▲川や湖のある谷は、層雲ができやすい地形です。

▲東京スカイツリーをおおう層雲。高度300m付近に雲ができていることがわかります。展望台の中から外を見たら、霧の中にいるように見えます。

メモ 霧が地面からはなれれば「層雲」とされますが、層雲が地面におりてきたら「霧」になります。

雲の大分類（10種雲形）

雲 ▶ 天気の基本がわかる

もこもことしたわたのような雲
積雲

[学名] *Cumulus*
[別名] わた雲、にゅうどう雲

上の方がもこもこした丸みのある雲が、空の低い場所にうかびます。雲の底の面は、平らなことが多いです。わたのように見えることから「わた雲」ともよばれます。

[雲ができる高さ] 0km 2km 5km 7km 13km

[種] 断片雲、扁平雲、並雲、雄大雲
[変種] 放射状雲
[副変種] 尾流雲、K-H波雲、降水雲、アーチ雲、ろうと雲、ずきん雲、ベール雲、ちぎれ雲

天気のようす 晴れた日の日中によく見られます。たくさんの積雲が流れてきたら、にゅうどう雲（雄大積雲）や積乱雲になって、にわか雨がふることがあります。

積雲のでき方
地面があたためられて、上昇気流が起こる場所にできます。上空で温度が下がって、空気にふくまれていた水蒸気が雲つぶになってできます。

▲強い日差しでできた積雲。あんパンのような丸みのある形が基本ですが、地表の温度や地形に影響されていろいろな形になります。

見分け方のポイント
層積雲は雲のかたまりがくっつきあって並んでいますが、積雲は丸みのあるもこもこした雲が、ぽつんぽつんとはなれてうかんでいます。

▲上昇気流が強くなると雲の上の方に丸いこぶがたくさんできて、にゅうどう雲（雄大積雲）になります。上に向かって速く成長するのも積雲の特ちょうです。

メモ 積雲は、気温が高い日に、上昇気流によってできやすいです。

はげしい雨をもたらす巨大な雲
積乱雲

[学名] *Cumulonimbus*
[別名] にゅうどう雲、かなとこ雲

[雲ができる高さ]

0km　2km　5km　7km　13km

[種] 無毛雲、多毛雲　[変種] なし
[副変種] かなとこ雲、乳房雲、尾流雲、降水雲、アーチ雲、ウォールクラウド、ろうと雲、テイルクラウド、ずきん雲、ベール雲、ちぎれ雲、ビーバーズテイル

てっぺんが10〜15kmもの高さになる巨大な雲です。対流圏と成層圏のさかい目まで背が高くなると、雲のてっぺんが横に広がって「かなとこ雲」になります。

天気のようす　雲の下では雷が落ちるので、かみなり雲ともいいます。夏の夕立も積乱雲によって起こります。ひょうやあられ、竜巻や突風が発生したりすることもあるので注意が必要です。

積乱雲のでき方

積雲が大きく成長することでできます。強い上昇気流が起き、あたたかくしめった空気がどんどん上にのぼって成長します。雲の下の方は水のつぶ、雲の上の方は氷のつぶでできています。

▲雄大積雲が発達して、空の高い場所に積乱雲ができました。しかし、まだまだ成長しそうないきおいです。雨のせいで雲の中に虹が見えます。

見分け方のポイント

雲の上の方にいくつもの丸みができ、それらがさらに成長していきます。雲が厚いので下側は暗く見え、いきおいが強いので上側は横に広がろうとします。

▲積乱雲の周囲では冷たい空気が下降してあたたかい空気とぶつかり、小さな積雲がたくさんわき上がります。

 メモ　積乱雲は、太平洋側では夏に多く見られますが、日本海側では冬に多く発生し、雪やあられをふらせます。

みるみる変わる！積乱雲の一生

積乱雲は、雲のなかではいちばん背の高い雲ですが、ひとつの積乱雲の一生は意外と短い時間です。30分ほどで大きく成長し、1～2時間で消えてしまいます。ここでは大きく発達した積雲から始まり、積乱雲がおとろえるまでの流れを、時間の経過（分）とともに見てみましょう。

①積雲が大きくなる
地表付近にあたたかい空気、上空に冷たい空気があると、大気の状態は不安定になります。広い範囲で強い上昇気流が起こって、たくさんの積雲があちこちでできているなかに、ひときわ大きな雲があらわれました。

②にゅうどう雲になる
強い上昇気流が起きているので、大きな雲はどんどん背が高くなっていって、10～15分ほどで「にゅうどう雲」になります。高く成長した積雲は「雄大積雲」ともよばれます。

③積乱雲ができる
雄大積雲が高さ7kmほどをこえると、積乱雲になります。積乱雲のはばは5～10kmほどまで広がり、雲の下で雷が発生し、大雨が15～30分ほど続きます。

④かなとこ雲ができる
雲のてっぺんが対流圏と成層圏のさかい目（10～15km）までとどくと、雲はそれより上に成長できないため、てっぺん部分がさらに横に広がっていって、かなとこ雲になります。

⑤積乱雲の最後
大きな積雲があらわれてから1時間ほどたつと、雲のなかで上昇気流がなくなっていき、また、雨が蒸発することで上昇気流の熱がうばわれるので積乱雲がこわれていき、ほかの雲になります。

◀国際宇宙ステーションから撮影されたかなとこ雲。アフリカ大陸の上空に発生したとても巨大なものです。

▶「かなとこ」とは、金属をたたいて加工する台のことです。上部は左右に広がり、下の方がすぼまった形をしています。

メモ 大きな積雲や積乱雲は、形がおぼうさんの頭ににた丸いこぶがたくさんあることから、「にゅうどう雲（入道雲）」ともよばれています。

積乱雲が起こす気象災害

積乱雲は、さまざまなはげしい気象現象を引き起こします。雷が落ちるほか、竜巻やひょうが発生したりすることもあります。

はげしい雷雨
積乱雲のなかでは、強い上昇気流が起きて、氷のつぶがはげしくぶつかりあって雷が発生したり、ひょうができたりして下の方に落ちていきます。周辺には冷たい下降気流が流れ出してひやっとした冷たい風がふきます。

▶竜巻の発生
2013年9月、埼玉県越谷市では竜巻が発生して、数十人がけがをしたり家がこわれたりするなどの被害が起きました。そのようすを撮影した写真には竜巻の上に巨大な積乱雲がうつっています。

▲大つぶのひょう
2017年7月18日、東京都豊島区のJR駒込駅では、大つぶのひょうがふったせいで、ホームの屋根がこわれる被害がありました。ひょうも、積乱雲の中でつくられます。

 水蒸気が水のつぶになると熱を発します。そのため、上昇気流がさらに強くなり、積乱雲は大きく成長します。

形や高さで分類する
雲の「種」

たとえば巻雲には、真っすぐにのびているものもあれば、はしが曲がっているものもあります。そのような見た目の形で分類した雲の種類を「種」とよび、現在では国際的に15種類が定められています。10種雲形は「類」という単位で数えられ、高層雲と乱層雲以外の類はさまざまな種に分けられます。また、2017年に改訂された世界気象機関（WMO）の「国際雲図帳」には、新しく「ロール雲」が加わりました。

■ 10種雲形（類）と種の対応表

種＼類	巻雲	巻積雲	巻層雲	高積雲	高層雲	乱層雲	層積雲	層雲	積雲	積乱雲
毛状雲			●							
かぎ状雲	●									
濃密雲	●									
塔状雲		●	●	●						
房状雲		●	●	●						
層状雲		●	●			●				
霧状雲			●	●			●			
レンズ雲		●		●			●			
ロール雲				●			●			
断片雲								●	●	
扁平雲									●	
並雲									●	
雄大雲									●	
無毛雲										●
多毛雲										●

(International Clouds Atlas, 2017より)

▲高層雲と乱層雲は特ちょう的な形をもたない雲なので、種がありません。

毛状雲 *Fibratus*
巻雲、巻層雲
先端の形が髪の毛のように細くて、ほとんどまっすぐなすじになります。雲に影はできません。写真は巻雲です。巻層雲では、そのようなすじの形をした雲が空の広い範囲であらわれます。

かぎ状雲 *Uncinus*
巻雲
低気圧が近づいているときにあらわれる雲の形です。上空に強い風がふいていて、雲のすじはほとんどまっすぐのびています。雲のはしは、釣り針や「へ」の字のように曲がって、その先端にふさ状のこぶがつきます。

濃密雲 *Spissatus*
巻雲
はばが広くて密度が濃い巻雲で、太陽がかくれそうなほどです。雲のりんかくを見ると、すじがのびているので巻雲だとわかります。発達した積乱雲の上部にできることもあります。

メモ　積雲が塔状に成長した雲は「塔状雲」ではなく、「雄大雲」（→32ページ）に分類されます。

塔状雲 Castellanus
巻雲、巻積雲、高積雲、層積雲

写真は層積雲です。雲の上の方が、塔のようにたて方向にのびた形をしていて、雲の横方向からしか見られません。上空に冷たい空気が流れこんで大気が不安定になり、上昇気流があちこちで起きています。

霧状雲 Nebulosus
巻層雲、層雲

写真は高い空の巻層雲です。うすく均一に広がった白や灰色の雲で、りんかくがはっきりしません。低い空にもでき、山ぞいではふつうに見られます。巻層雲では「日がさ」が見られることがあります。

房状雲 Floccus
巻雲、巻積雲、高積雲

写真は巻雲です。ひとつひとつの雲がブドウのふさのような形や、わた毛やボンボンのような丸みのある形になります。しばしば尾流雲をともなうことがあります。

レンズ雲 Lenticularis
巻積雲、高積雲、層積雲

台風など、上空で強い風がふくときに凸レンズのような形になる雲です。山地では、山をこえた風のせいでできることもあります。レンズ雲が高層雲に変わるときは、天気が悪くなることがあります。写真は高積雲です。

層状雲 Stratiformis
巻積雲、高積雲、層積雲

写真は高積雲です。うすい雲のかたまりが、空の広い範囲に水平状に広がります。雲の色はたいてい白色ですが、太陽の位置によっては、こうして灰色に見えることもあります。巻積雲では、うろこ状に見えることもあります。

ロール雲 Volutus
高積雲、層積雲

雲全体が水平に長くのびたロールケーキのような形になります。主に層積雲で見られ、ゆっくりと回転します。オーストラリアの「モーニンググローリー」（→56ページ）が有名です。

メモ 塔状雲があらわれたときは上昇気流が起きているので、天気は悪くなる可能性があります。

雲の「種」

雲▶▶天気の基本がわかる

北海道

断片雲 Fractus
層雲、積雲

写真は積雲です。空気が乾燥しているときや上空の風が強いときに、雲の一部がちぎれて小さなかけらになったものです。晴れているときは、積雲からはなれては消えていくのをくり返すようすがよく見られます。

東京都

雄大雲 Congestus
積雲

並雲が成長して、カリフラワーのように上の方がもこもこと大きくもり上がった積雲です。夕立（しゅう雨）をふらせることがあります。雄大雲がさらに成長すると、積乱雲になってはげしい雨がふってきます。

茨城県

扁平雲 Humilis
積雲

晴れた日に地表付近の空気があたためられると上昇気流が起きて、最初に見られる積雲です。厚みのない平らな形をしていて、風に流されて動くようすを観察することができます。

長野県

無毛雲 Calvus
積乱雲

雲のいちばん上の方のりんかくが、はっきりとしている積乱雲です。たくさんの丸いこぶが、あちこちからもくもくとわき立つ「にゅうどう雲」は、無毛雲になります。

千葉県

並雲 Mediocris
積雲

積雲の成長段階のひとつで、丸くもり上がった形になったものです。厚みがあるので、下側が灰色に見えます。上昇気流がさらに強まると雄大雲になって雨をふらせます。

千葉県

多毛雲 Capillatus
積乱雲

雲のいちばん上の方が、髪の毛がふさふさしたような、または毛羽立ったようなりんかくのもっとも発達した積乱雲です。「かなとこ雲」になることが多く、雲の下でははげしい雨がふったり雷が落ちたりします。

メモ 断片雲を「ちぎれ雲」とよぶこともありますが、副変種で「ちぎれ雲」とよばれる雲とは別のものなので区別して使うとよいでしょう。

極地方で見られる特殊な雲

　この章で紹介する雲はすべて、地表付近から高度12kmぐらいまでの「対流圏」(➡80ページ)とよばれる場所で発生するものです。しかし、この対流圏のさらに上側には、成層圏(高度約12～50km)や中間圏(高度約50～80km)とよばれる場所があって、大気の密度や気温が対流圏とはことなっています。そのような成層圏や中間圏で発生する雲があります。

真珠母雲 Polar Stratospheric Cloud

　対流圏よりも上の、高さが20kmくらいの成層圏でできる雲です。「極成層圏雲」ともよばれ、北極や南極などの高緯度の地域で寒い冬にだけしか見られません。わずかな水蒸気や硫酸などの成分が雲となり、太陽の光を受けて虹色にかがやきます。虹の色が、真珠をつくる貝であるアコヤガイの内側の色ににていることから名づけられました。

◀南極の昭和基地で撮影された真珠母雲。空を白いベールのような雲がおおい、太陽の光をあびて虹色にかがやいています。

▼北極ではよく見られていた夜光雲が、南極の昭和基地ではじめて発見されたときの写真です。波のように見える白い雲が夜光雲です。夏の終わりの深夜、1時間ほどあらわれました。

夜光雲 Noctilucent Cloud

　中間圏の上の方にあたる高さ80kmくらいのところでできる雲で、極地方でしか見ることができません。そのため、「極中間圏雲」ともよばれます。高緯度地域の夏に多く見られ、大気中の水蒸気がこおって雲ができ、地平線の下にある太陽の光をあびて、青白くかがやきます。

▶フィンランドで撮影された夜光雲です。

メモ　宇宙に打ち上げられたロケットから出た水蒸気がこおって、夜光雲のようになることもあります。

厚さやならび方で分類する
雲の「変種」

「半透明」や「不透明」などといった雲の厚さや、「波状」や「はちの巣状」などといった雲のならび方によって、雲は「変種」に分けられていて、国際的に9種類が定められています。変種からは、上空の風や大気の状態を読み解くことができるので、その後の天気を予測する際に役立つことがあります。乱層雲と積乱雲には変種がありません。一方、高積雲と層積雲では多くの変種が見られます。

■ 10種雲形（類）と変種の対応表

変種＼類	巻雲	巻積雲	巻層雲	高積雲	高層雲	乱層雲	層積雲	層雲	積雲	積乱雲
もつれ雲	●									
ろっ骨雲	●									
波状雲		●	●	●	●		●	●		
放射状雲	●			●	●		●	●	●	
はちの巣状雲		●		●			●			
二重雲	●			●	●		●			
半透明雲			●	●	●		●			
すきま雲				●			●			
不透明雲				●	●		●			

(International Clouds Atlas, 2017より)

もつれ雲　Intortus
巻雲
巻雲のすじの形をした雲が、からみあった糸のようにもつれて見え、決まったならび方がありません。上空の風の流れが弱いと、すじの向きがばらばらになります。もつれ雲が見えるときは、晴天が続くかもしれません。

千葉県

ろっ骨雲　Vertebratus
巻雲
長くのびた巻雲から、細いすじの形をした雲が上下や左右にのびたもので、魚の背骨や人間のろっ骨のようにならんで見えます。飛行機雲が成長し、氷のつぶがたれ下がって、ろっ骨雲ができることもあります。

山梨県

波状雲　Undulatus
巻積雲、巻層雲、高積雲、高層雲、層積雲、層雲
上空で、速さや向きのちがう空気の層が重なりあっていると、海面が波打っているかのように雲がならびます。いろいろな雲でよく見られ、写真のような巻積雲は「さば雲」ともよばれます。

> メモ　巻積雲でさざ波のような波状雲が見られたら、そのあとは雨がふりやすくなります。

放射状雲 *Radiatus*
巻雲、高積雲、高層雲、層積雲、積雲

空の向こうの方から手前に向かって、雲の列が放射状にならんで見えます。実際には平行にならんでいる雲の列が、遠近法のために放射状に見えています。

半透明雲 *Translucidus*
高積雲、高層雲、層積雲、層雲

雲がうすいので、太陽や月をおおっていてもその位置がはっきりとわかります。太陽や月のりんかくがぼやけて見えるので、「おぼろ雲」ともよばれます。

はちの巣状雲 *Lacunosus*
巻積雲、高積雲、層積雲

ハチがつくった巣のように雲にたくさんの穴があいた、うすい雲です。穴ができた部分では下降気流が発生しているので、雲全体もすぐに消えてしまいます。写真は巻積雲で、わずかに色づいて彩雲になっています。

すきま雲 *Perlucidus*
高積雲、層積雲

雲のかたまりどうしの間にすきまがあいて、そのすきまから青空が見えます。高積雲では、「ひつじ雲」ともよばれます。すきまがだんだんとせまくなっていったら、天気が悪くなるかもしれません。

二重雲 *Duplicatus*
巻雲、巻層雲、高積雲、高層雲、層積雲

写真は高積雲で、雲がちがう高さにあらわれて、上下に重なって見えます。部分的にとけこんで見えることもあります。別べつの方向に流れて見えるものは、「問答雲」とよばれることもあります。

不透明雲 *Opacus*
高積雲、高層雲、層積雲、層雲

雲が厚いので、太陽が完全にかくれてしまいます。高層雲で見られる場合は、乱層雲になって天気が悪くなるかもしれません。

メモ　「問答雲」が空にあらわれたときは、天気が悪くなることがあります。

部分的な特ちょうなどで分類する
雲の「副変種」

雲の細かい分類に「副変種」があります。下の表で、かなとこ雲からテイルクラウドまでは「補足雲形」といって、雲の一部にあらわれた特ちょう的な形による分類です。2017年に改訂された世界気象機関（WMO）の「国際雲図帳」にはアスペリタス雲などの6種類が追加されました。そのなかで、雲にともなってできる小さな雲を分類したものが「付属雲」で、ずきん雲からビーバーズテイルまで4種類あります。積乱雲のような巨大な雲にともなってあらわれることが多いものです。どれも悪天のときにあらわれるので、なかなか見ることはできません。

かなとこ雲 *Incus*
積乱雲
積乱雲のいちばん上のところが横に広がって、てっぺんの部分が平らになった状態の雲です。対流圏と成層圏のさかい目のところで、積乱雲は上方向に成長できず、横に広がっていって、かなとこ雲になります。

乳房雲 *Mamma*
巻雲、巻積雲、高積雲、高層雲、層積雲、積乱雲
雲の底に水分がたまって、こぶのようにたれ下がって見えます。ウシなどの乳房にもにていることから乳房雲とよばれ、積乱雲の下では、はげしい雨がふることがあります。

■ 10種雲形（類）と副変種の対応表

変種＼類	巻雲	巻積雲	巻層雲	高積雲	高層雲	乱層雲	層積雲	層雲	積雲	積乱雲
かなとこ雲										●
乳房雲	●	●		●	●		●			●
尾流雲		●		●	●				●	●
穴あき雲		●		●	●					
K-H波雲	●	●		●	●		●			
アスペリタス雲				●			●			
降水雲					●	●		●	●	●
アーチ雲									●	●
ウォールクラウド										●
ろうと雲									●	●
テイルクラウド										●
ずきん雲									●	●
ベール雲									●	●
ちぎれ雲					●	●				
ビーバーズテイル										●

(International Clouds Atlas, 2017より)

▲2017年に新しく追加された雲は、穴あき雲、K-H波雲、アスペリタス雲、ウォールクラウド、テイルクラウド、ビーバーズテイルです。どれも正式な日本語名は発表されていません。アスペリタス雲は、「アスペラトゥス雲」ともよばれます。

尾流雲 *Virga*
巻積雲、高積雲、高層雲、乱層雲、層積雲、積雲、積乱雲
雲の底から落ちてくる雨や雪が、地上にたどり着く前に蒸発してしまい、地上に向かって尾を引いたような形になっています。一方、雨が地上までたどりついているものは降水雲とよばれます。

メモ　新種に採用された「アスペリタス」ということばは、「でこぼこした」、「あらあらしい」などの意味をもちます。

降水雲　*Praecipitatio*
高層雲、乱層雲、層積雲、層雲、積雲、積乱雲

雨がふっている状態の雲で、雨のすじが見えます。尾流雲とちがい、雨つぶが地上にたどり着いたものを降水雲といいます。上空の風が強いときは、雨すじがまがって風向きがわかります。

アスペリタス雲（アスペラトゥス雲）　*Asperitas*
高積雲、層積雲

海の表面の波のように、雲の底の面がうねっている状態です。なぜこのようにうねるような形になるのか、よくわかっていません。低い空にできると、より不気味な感じがします。

アーチ雲　*Arcus*
積雲、積乱雲

積乱雲では下降気流があり、地表付近では冷たい空気によって水平方向にのびたアーチ（弧）のような形をした雲ができ、突風がふくことがあります。

ケルビン・ヘルムホルツ波雲（K-H波雲）　*Fluctus*
巻雲、高積雲、層積雲、層雲、積雲

波のような形が横にならんでいる雲です。密度のちがう空気の層が上下に重なりあっていて、それぞれの層の風の向きや速さがちがうときにあらわれることがあります。

ろうと雲　*Tuba*
積雲、積乱雲

積乱雲の中に小さな回転ができると、ろうと状の雲になります。ろうとの先が地上や海上にくっつくと竜巻になります。回転しながら移動していきます。

穴あき雲　*Cavum*
巻積雲、高積雲、層積雲

ぽっかりと穴があいた雲です。雲のなかでできた氷のつぶが、水でできたまわりの雲のつぶをなくしていきます。飛行機がきっかけになることがあります。

メモ　「ケルビン・ヘルムホルツ波」とは、流体力学を研究したケルビン卿とヘルマン・フォン・ヘルムホルツの名前にちなみます。

雲の「種」

茨城県

ウォールクラウド　Murus
積乱雲

積乱雲のなかでも大きな雲で見られます。雲の底から、部分的に下がってきた壁のような雲です。積乱雲の下の雨がふっていないところででき、そこには強い上昇気流が起きています。

千葉県

ちぎれ雲　Pannus
高層雲、乱層雲、積雲、積乱雲

大きな雲からちぎれた小さな雲で、雨をふらせるような雲の底で見られます。「黒っちょ」や「こごり雲」などともよばれます。動きが早く、形がどんどん変わります。

千葉県

テイルクラウド　Cauda
積乱雲

積乱雲のなかでも大きな雲で見られます。ウォールクラウドから水平方向に向かって尾（テイル）のようにのびている灰色の雲です。テイルクラウドがのびる先では雨がふっています。

栃木県

ビーバーズテイル　Flumen
積乱雲

積乱雲のなかでも大きな雲で見られます。積乱雲に流れこんでくる風と平行にできる雲です。「ビーバーの尾」に形がにています。写真では空の低い場所に、尾の形をした雲が発生しています。

千葉県

ずきん雲　Pileus
積雲、積乱雲

積乱雲や積雲のてっぺんのところに帽子のようにかぶさっている雲です。上昇気流によって、上空の空気が持ち上げられて、冷えることでできます。すぐに消えることが多いです。

茨城県

ベール雲　Velum
積雲、積乱雲

積乱雲や積雲のてっぺんのところで横に広がっているうすい雲です。下から上がってきた空気が冷えてできた雲で、すき通って見えます。雲の背が高くなってベール雲をつきぬけてしまうこともあります。

メモ　「黒っちょ」とは黒いイノシシのことです。「雲が、黒いイノシシやウシに見えたら雨がふる」という言い伝えがあったことに由来します。

スーパーセル

ウォールクラウドやテイルクラウドが見られる積乱雲は「スーパーセル」とよばれます。積乱雲は強い上昇気流によってできます。ふつうは発達して雨がふるのと同時に下降気流ができ、上昇気流と下降気流が打ち消し合って小さくなります。しかし、スーパーセルでは上昇気流と下降気流の場所がはなれていて打ち消し合わないため、どんどん大きくなります。アメリカの広大な平原などでよく見られます。

▲2016年にアメリカ、カンザス州で発生したスーパーセル。ひとつのスーパーセルからふたつの竜巻が同時に発生しているようすがわかります。

▲スーパーセルから、いくつもの雷が落ちています。まっすぐに落ちているときは、エネルギーが強いです。

▲2014年、高度約20kmから撮影された巨大なスーパーセル。雲の成長のいきおいが強いため、てっぺんが対流圏を飛び出しています。

 メモ　積乱雲がいきおいよく成長して、一部が対流圏を飛び出す現象を「オーバーシュート」といいます。

自然現象や人間の活動が生み出す
特殊な雲

ふだん自然現象によってできる雲のほかにも、飛行機や工場など、人の活動によってできる雲もあります。飛行機雲など、これまでよく知られてきた現象ばかりですが、2017年に改訂された世界気象機関（WMO）の「国際雲図帳」ではそのような特別な雲も正式に新しい雲の分類に加わりました。ここで紹介したもののほかに、「大きな滝に発生する雲」や「飛行機雲が変化してできる雲」をふくめた計6種があります。

熱積雲（火災雲） Flammagenitus
山火事や火山噴火などが起きると、空気があたためられて上昇気流が起きます。その上昇気流によって上空に積雲などが発達します。火災によっても起こることから「火災雲」ともよばれます。写真は火山噴火の雲です。

森林が生み出す雲 Silvagenitus
森林地帯で、木のすぐ上のせまい範囲で層雲ができることがあります。これは木々の葉から水蒸気が出ていくことで、森の上にある空気の水蒸気がふえるためです。

人の活動が生み出す雲 Homogenitus
発電所や工場などの施設では、煙突から出るあたたかい排気ガスやちりなどによって上空に積雲や層雲ができることがあります。空気がしめっているときにできやすいです。

飛行機雲 Aircraft Condensation Trails
飛んでいる飛行機のうしろにできる雲です。飛行機の排気ガスの中のちりに水蒸気がくっついたり、排気ガスの中の水蒸気がこおったりするなどして雲つぶになります。空気がかわいていると飛行機雲はすぐ消えますが、低気圧が近づいて空気がしめっているときはいつまでも消えず、天気が悪くなることがあります。

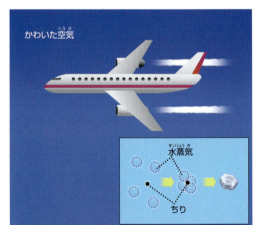

▲飛行機雲ができるのも、雲ができるしくみとにています。飛行機のエンジンから排出されたちりが、大気中の水蒸気とくっついて氷のつぶになります。

メモ 飛行機が巻積雲や高積雲のなかを飛ぶことで、雲の一部が消えてしまうことがあります。これは「消滅飛行機雲」とよばれます。

山地で見られる独特の雲

　山は人間が雲に近づきやすい場所であるだけでなく、山の斜面にふきつけてくる風が上昇気流となって雲ができやすい場所でもあります。また、雲海やつるし雲など、山地特有の雲を観察することができるかもしれません。いずれも山が多い日本ならではのよび名です。

笠雲
　高い山の山頂のあたりを帽子（笠）のようにおおうレンズ雲は「笠雲」とよばれています。山の斜面をのぼってきた上昇気流が山頂をこえるときに、空気にふくまれていた水蒸気が雲になります。笠雲とつるし雲がいっしょに出ているときは、天気が悪くなる確率が高いといわれています。

つるし雲
　高い山から少しはなれたところにできる雲です。高い山をこえた風が、風下側で波打つように流れて、まわりから風が集まったときにできます。つるし雲ができたあとは、天気が悪くなる可能性が高いです。円盤のような形やつばさのような形など、いろいろな形であらわれます。

▼つるし雲は山にしめった風がぶつかって、空気が波打ったときの風下側にできます。

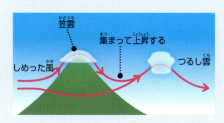

山かつら
　山のふもとで層雲が帯状になって山をかこんでいるものは「山かつら」とよばれたり、そのようすが大蛇ににているので「おろち雲」とよばれたりします。山では、天気が悪くなるときに見られます。

雲海
　高い山の上などから見たときに、下の方に雲が広がって海のように見える現象を「雲海」といいます。雲海をつくる雲は層積雲や層雲で、夏から秋にかけて、盆地や平野で早朝によく見られます。太陽の光があたって気温が上がると、やがて消えていきます。

滝雲
　雲が山をこえて、山の斜面にそってまるで滝のようにおりてくる現象を「滝雲」といいます。下降気流はかわいているので、おりてくる途中で消えることが多いです。雲海から雲があふれて、滝雲が発生することもあります。

 富士山は笠雲の名所で、季節によっていろいろな形の笠があらわれます。地元では、笠の形が天気予報に役立っています。

41

コラム

冒険や事件のウラに天気あり
気象と人類の歴史

人類は地球環境の観察を通じ、気象に関するさまざまな知識を学んできました。冒険、事件、実験などさまざまな関わり方があり、そこでは天気や気象に関する知識がかかせませんでした。

成層圏に到達したピカール

成層圏は、1902年に気球を使って発見されました。スイスのオーギュスト・ピカールは1931年、水素を利用した気球に乗って成層圏まで行くことにはじめて成功しました。成層圏では空気がとてもうすいため、中の空気がもれないようにしたゴンドラをつくって水素の気球につるし、ピカールはそれに乗って高さ1万5781mにたどりつきました。

コロンブスの航海

緯度の低い地域では貿易風という東風が、中緯度の地域では偏西風という西風がふいています（➡89ページ）。1492年にコロンブスは、ヨーロッパ人としてはじめて大西洋を横断して、スペインとアメリカ大陸の間を往復しました。そのころの船は、風を利用して航海する帆船です。コロンブスは、アメリカ大陸に向かうときは赤道に近い海で貿易風を利用し、スペインに帰るときには北寄りの航路で偏西風を利用して航海を行いました。

▲コロンブスの最初の航海は、航路が北緯30度付近の南北に分かれていました。北緯30度の南側は北東貿易風が、北緯30度の北側では偏西風がふいているためです。

モンゴルフィエ兄弟と熱気球

はじめて気球を飛ばすことに成功したのは、フランスのモンゴルフィエ兄弟でした。モンゴルフィエ兄弟がつくったのは、あたためられた空気が軽くなることを利用した熱気球で、1783年6月に人びとの前で気球を飛ばす公開実験を行って成功しました。同じ年の10月には、人を乗せた飛行実験にも成功しました。

📝メモ　オーギュスト・ピカールの息子ジャックは海洋探検家で、1960年に潜水艇に乗ってマリアナ海溝の水深約1万900mにまで達しました。

気球による世界一周

オーギュスト・ピカールの孫であるベルトラン・ピカールは、1999年、熱気球でどこにも着陸することなく世界一周することに成功しました。ピカールは3月1日にスイスを出発し、高さ4kmから10kmほどのところを飛行して20日間ほどで世界一周しました。

▶ベルトラン・ピカールが世界一周で搭乗した気球「ブライトリング・オービター3号」。
▼ピカールのたどった経路。それまでの挑戦者は経路が短い高緯度をたどって失敗していましたが、ピカールは偏西風がはげしく曲がりくねって悪天になることの多い高緯度コースをさけて飛行しました。一度、気球についた氷をとかすために太平洋上で高度を下げることもありましたが、無事に世界一周をなしとげました。

マグデブルグの半球実験

1654年、ドイツのゲーリッケは、直径約34cmの銅の半球をふたつ合わせて球をつくり、その内部の空気をポンプでぬきました。できるかぎり真空に近くすると、大気の圧力（気圧）のために、ふたつの半球はぴったりくっついてはなれません。ゲーリッケは、これを両側から16頭のウマに引っぱらせる実験を行い、やっと引きはなすことができました。

天気に負けたナポレオン

1812年、フランスのナポレオンの大軍はロシアに攻めこみました。いったんはモスクワを占領しましたが退却することになり、その退却の途中できびしい寒さなどのために大きな被害が出たといわれています。

◀ナポレオン。ナポレオンが退却したあと、イギリスの新聞記者は皮肉をこめて、「フランス軍を撃退したのはロシア軍ではなく、ロシアの冬の寒さだった」という記事を書きました。そのなかで、冬の寒さを人になぞらえ、「冬将軍」とよんだのです。このことばは、現在でもニュースなどで冬のきびしい寒さが到来するときに用いられます。

日本をすくった暴風雨

鎌倉時代、1274年と1281年の2度にわたって中国大陸から元という国の軍隊がせめてきた事件を「元寇」といいます。どちらのときも、台風などの暴風雨のために元の軍隊は大きな被害を受けたとされています。このときの暴風雨は、のちに「神風」とよばれるようになります。

 ゲーリッケの実験を「マグデブルグの半球実験」とよぶのは、このときゲーリッケがドイツ・マグデブルグ市の市長だったからです。

第2章

水 姿を変えて地球をめぐる

地球は「水の惑星」といわれます。表面にたくさんの水がある星は、地球以外に見つかっていません。水は、気体（水蒸気）、液体（水）、固体（氷）と姿を変えて地球をめぐっています。雲や霧をつくる小さな水のつぶは、空気中にふくまれた水蒸気を元にしてできます。雲をつくる水や氷のつぶから雪の結晶や雨つぶができて、やがて地上にふってきます。さまざまな気象現象は、水が姿を変えながらめぐることで起きているのです。

▲ロシアのバイカル湖で、湖の氷がぶつかり合って、もり上がる現象です。日本でも長野県の諏訪湖で同じような現象が起こり、「御神わたり」とよばれています。

水の循環が天気をもたらす
地球をめぐる水

水▼▼▼姿を変えて地球をめぐる

地球の表面では、海などから水が蒸発して水蒸気になり、その水蒸気をもとに上空で雲ができ、雨や雪として地表にふってきます。このように水は、姿を変えながら地表や大気中をめぐっています。

雪（降雪）
気温が低いと、雪がふる。

雪どけ水
とけた水が土にしみこんで川や地下水になる。

雨（降雨）
土にしみこんだり、川に流れこんだりする。

河川

地球上の淡水の割合

地球上にある淡水すべてを、私たちが生活に使えるわけではありません。淡水の多くは、南極などで氷河や万年雪となっています。生活に使える地表面の淡水は、全体の1.2%ほどです。

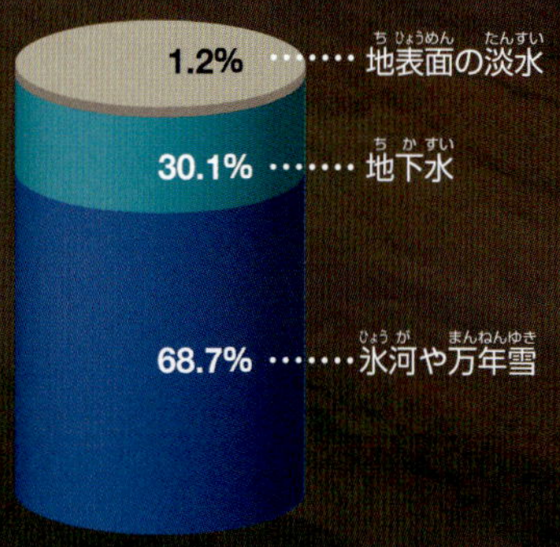

1.2% …… 地表面の淡水
30.1% …… 地下水
68.7% …… 氷河や万年雪

地下水
土にしみこんだ水は、地下水になって海に流れる。

メモ 面積でくらべると、地球の表面の海と陸の割合は71：29です。

46

水はどのように姿を変えるの？

水は温度によって、氷（固体）、水（液体）、水蒸気（気体）に変化します。1気圧のときには、だいたい0℃以下で氷に、だいたい100℃以上ですべてが水蒸気になります。気圧によって、これらの温度は変わります。なお、水蒸気は目に見えません。お湯をわかしたときに見える湯気や、雲をつくっているものは、水蒸気ではなく小さな水のつぶ（水滴）です。地球上では、雲のつぶ（氷）が集まってとけて雨（水）になり、海や湖などであたためられた水分が蒸発して水蒸気になっています。

固体（氷）	液体（水）	気体（水蒸気）
▲1気圧のもとでは、水は0℃以下になるとこおり始めます。	▲1気圧のもとでは、水は0℃から100℃のとき、ほとんどが液体です。	▲1気圧のもとで、水は温度が100℃以下のときも、少し蒸発しています。

地球上の水の総量

地球上に存在する水は、ほとんどが海水です。水は地球全体で約14億km³ありますが、そのうちの96.5%は海水です。海以外もあわせると97.5%が塩水で、淡水はわずか2.5%しかありません。

海水・塩水 97.5%
淡水 2.5%

水蒸気が水滴になるしくみ

ある一定の体積の空気にふくむことができる水蒸気の量（飽和水蒸気量）は決まっています。その量は、温度が高いほど多く、温度が低いほど少なくなります。湿度は、飽和水蒸気量とくらべてどれくらいの割合で水蒸気がふくまれているのかを示しています。飽和水蒸気量より多い水蒸気は水滴（液体）になります。

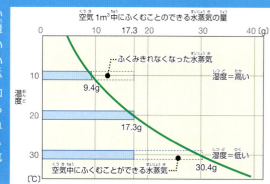

▲空気のかたまりが20℃で、空気1m³中の水蒸気の量が17.3gのとき、空気のかたまりが冷えて10℃に下がると、空気中にふくみきれなくなった水蒸気（7.9g）は水滴になります。逆に30℃に上がると、水蒸気を30.4gふくむことができるので、まだよゆうがあります。

▲コップに氷水が入っています。まわりの空気が冷やされることで飽和水蒸気量が低くなり、飽和水蒸気量をこえた水蒸気が水滴となってくっつきます。

雲の発達
雲が大きくなると、雲つぶが集まって雨になる。

雲の成長
上昇気流にのった水蒸気をエネルギーにして雲が大きくなる。

雲の誕生
水蒸気が上空のちりと結びついて雲になる。

水の蒸発
海や川の水があたたまると水分が水蒸気になって上昇する。

メモ 水蒸気からいきなり氷になることもあります。霜はそのようにしてできます。

水蒸気が多い場所で発生する
霧

水▶▶姿を変えて地球をめぐる

霧は雲と同じように、とても小さな水のつぶがたくさん地面近くにうかんだものです。霧も雲も、空気中の水蒸気が冷えて水のつぶになることでできます。上空にあると雲、地面に接していると霧とよばれます。

▲霧（熊本県）
水蒸気は目には見えませんが、まわりの気温が下がって水のつぶになると白っぽく見えるようになります。写真は早朝に撮影されたもので、「放射霧」とよばれるものです。

露や霜ができるしくみ

露や霜も、霧と同じように空気中の水蒸気から発生します。植物やガラスなど何かの表面に水蒸気がついて水のつぶになるのが「露」、氷になるのが「霜」です。

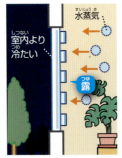

露

夏の終わりごろなどに、夜間に気温が下がり、空気中の水蒸気が水滴になって、物や植物などの表面につきます。

▲クモの巣についた露。

霜

冬の夜間に、物や植物などの表面温度が0℃以下になると、水蒸気が氷になって表面につきます。結晶の形はさまざまあります。

▲植物の葉についた細長い形の霜。

 窓ガラスなどの表面に露ができることを「結露」といいます。また、窓の霜は、水滴がこおってできることもあります。

霧のでき方

霧は空気の冷え方によって、いくつかの種類に分けることができます。ここでは主なものを紹介します。

▲放射霧
晴れた日の夜は、熱を赤外線として放射することで地面が冷えます。そのために地面に近いところの空気が冷えて、盆地などで霧が発生します。

▲上昇霧（滑昇霧）
あたたかくしめった空気が山の斜面をのぼっていき、温度が下がることで、水蒸気が水滴となって霧が発生します。

山梨県（山中湖）

▲けあらし
冬の朝に冷えた空気が、それよりもあたたかい海などの上に流れると、うすく霧ができます。この霧を「けあらし（気嵐）」といいます。太陽の光があたってあたたまると消えます。

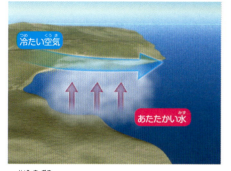

▲蒸気霧
あたたかい水面の上に、別のところから冷たい空気が流れてきたときに、もとからあった空気が冷やされて霧が発生します。ふろの上に湯気が出るのも同じしくみです。

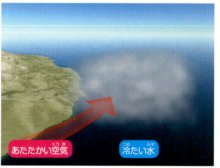

▲移流霧
冷たい水面の上に、別のところからあたたかくしめった空気が流れてきて冷やされることで、流れてきた空気から霧が発生します。

▲前線霧
温暖前線にともなう雲からふった雨が一度蒸発して、地表近くで冷やされて霧が発生します。

霧の種類

霧とにた現象に、「もや」や「濃霧」があります。それぞれ、水平方向に見通せる距離によってよび方が変わります。また、濃霧になりそうなときは自動車の運転があぶないので、地元の気象台から注意報が出されます。

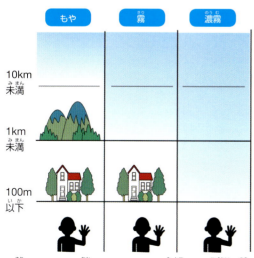

▲霧は1kmよりも近いところまでしか見通せない状態、濃霧は陸上では約100m、海上では500m以下しか見通せない状態です。もやは、見通せる距離が1km以上、10km未満の状態です。

Q 霜柱はどうやってできるの？

土の表面付近で水分がこおって柱状になったものを霜柱といいます。冬から春にかけて地面が0℃以下になると、土の下の水が表面まで上がってきて氷になります。それが氷の下でくり返されることで霜柱ができます。霜柱と霜は名前がにていますが、でき方はまったくちがいます。

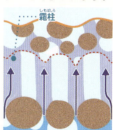

▶霜柱
冷えた冬の朝、しめった土からたくさんの霜柱がのびていました。土の中の水分がどんどん上がって、氷になったのです。土を少し上にのせ、曲がっています。

 メモ 霜柱ができるときなど、水分がせまい場所を上がっていくことを「毛細管現象」といいます。赤土で起きやすいと考えらています。

雨や雪はどうやってふるの？

雨

水 ▶ ▶ 姿を変えて地球をめぐる

雲はとても小さな水のつぶや氷のつぶでできていますが、雨は小さな水のつぶがそのまま落ちてくるわけではありません。雲のつぶがたくさん集まって大きくなって落ちてきます。雨や雪のほかに、あられやひょうなども雲の中でつくられます。

▶冷たい雨がふるしくみ

雨には、冷たい雨とあたたかい雨があり、日本付近でふる雨の多くは冷たい雨です。地上付近で気温が0℃以上のとき、雪やあられがとけた雨を冷たい雨といいます。また、地上付近の気温が低いと、雪やあられはそのままふってきます。

❷雲つぶができる
水蒸気が上昇して冷えると「雲つぶ」という小さな水のつぶになる。気温が0℃以下になってもこおらない水を、「過冷却水」という。

❶上昇気流
地表があたためられると水分が蒸発して水蒸気になり、空気といっしょに上昇していく。

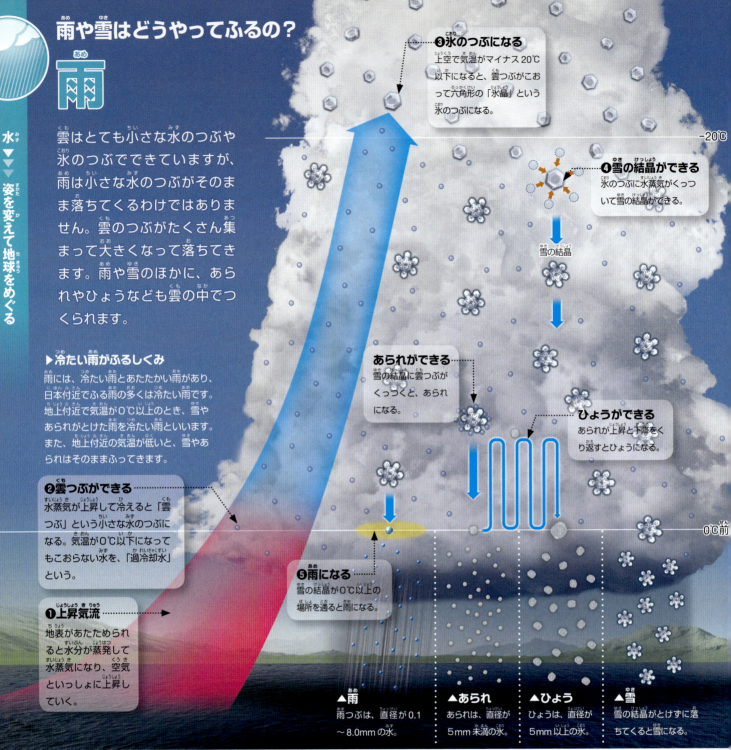

❸氷のつぶになる
上空で気温がマイナス20℃以下になると、雲つぶがこおって六角形の「氷晶」という氷のつぶになる。

❹雪の結晶ができる
氷のつぶに水蒸気がくっついて雪の結晶ができる。

雪の結晶

あられができる
雪の結晶に雲つぶがくっつくと、あられになる。

ひょうができる
あられが上昇と下降をくり返すとひょうになる。

❺雨になる
雪の結晶が0℃以上の場所を通ると雨になる。

−20℃

0℃前

▲雨 雨つぶは、直径が0.1〜8.0mmの水。
▲あられ あられは、直径が5mm未満の氷。
▲ひょう ひょうは、直径が5mm以上の氷。
▲雪 雪の結晶がとけずに落ちてくると雪になる。

▼水のつぶの大きさくらべ（直径）

雲のつぶと雨つぶは、直径で100倍ほどの差があります。直径で100倍ということは、体積では100×100×100＝100万倍もちがいます。

雲のつぶ 0.01〜0.1mm
雨つぶ 0.1〜8.0mm
あられ 2〜5mm
ひょう 5mm以上

あたたかい雨

熱帯地方では、水のつぶだけの雲からも雨がふります。これを「あたたかい雨」といい、氷のつぶからできた「冷たい雨」とはちがって、水のつぶがくっつきあって大きな雨つぶになります。雨つぶは、大きなものでは直径8mmくらいになります。

📝メモ 雨つぶはあまりに大きくなると分裂してしまいます。そのため、大きなものでも直径8mmくらいです。

雨のさまざまなよび方

日本では季節ごとに雨の特ちょうがあり、さまざまなよび方があります。雨のつぶの大きさによって、雨のふり方や、雨のすじ（雨足）などもちがうことがわかります。

霧雨

直径が0.5mm未満の小さな雨つぶがふってくる雨のことで、層雲からふります。かさをさす必要がないほどの弱い雨です。雨つぶが小さいので、いろんな方向にまっているように見えます。

しゅう雨（にわか雨）

直径が数mmくらいの大きな雨つぶです。にわか雨は大きな積雲や積乱雲からふる雨で、急にふり始めて、短い時間でふり止みます。夏の午後にふる「夕立」は、積乱雲からふるしゅう雨というはげしい雨のことがあります。

時雨

秋の終わりから冬のはじめごろに、ぱらぱらとふってはすぐやむような通り雨のことです。冷たい時雨がふってきたら、冬はもうすぐです。

凍雨

冬に透明で小さな氷のつぶがふってくる現象です。上空で雪がとけて雨つぶになりますが、雨つぶが落ちてくる途中でふたたびこおって1～2mmの凍雨になります。

Q 太陽が出ているのに、雨がふるのはなぜ？

太陽が出ているときにふる雨のことを「天気雨（天泣）」といいます。雨は必ず雲からふってくるので、考えられる理由はふたつあります。ひとつは、雨つぶが地上まで落ちてくる数分の間に、雨をふらせた雲がなくなってしまったため。もうひとつは、別の場所でふっている雨が風で流されてきたためです。

◀天気雨
夏によく出会います。まるでだまされているようにも感じられるので、「狐のよめ入り」ともよばれます。

雨が多い時期

雨が多い時期というと、6～7月の梅雨の時期を思いうかべるかもしれません。実は、雨の多い時期は地域によってことなります。九州や沖縄などの西日本では6～7月に雨が多いのですが、東日本では梅雨の時期よりも、9～10月の方が雨は多くふります。秋雨前線や台風が影響するからです。

■降水量の月別平年値（東京）

▲3～4月に、梅雨のように雨が続くことがあり、「なたね梅雨」とよばれます。6～7月は梅雨前線、9～10月は秋雨前線や台風のせいで雨が多くなっています。

 メモ　降水量は、ふった雨がどこかに流れていったり地面にしみこんだりしないでたまったときの水の深さ（mm）のことです。

水▶▶▶姿を変えて地球をめぐる

雪の結晶にはさまざまな形がある
雪

地表近くの気温が低いと、雲の中でできた雪の結晶が、とけずに地表までふってきます。雲の中の気温や水蒸気の量によって、雪の結晶はさまざまな形になります。

▲雪の結晶は、虫めがねなどで拡大して見ると多くは六角形をしています。木の枝のような形や花びらのような形をしたものがたくさん見つかるでしょう。

雪のさまざまなよび方

雪は温度と湿度によって、結晶の形がことなります。結晶の大きさによってふり方もちがうので、よび方もことなります。

ぼたん雪
雪の結晶や氷のつぶがたくさん集まってくっついたもので、地表近くの気温がやや高いときにふります。

粉雪
気温が低いと雪の結晶がそのままふってきて、細かくてさらさらした粉雪になります。

風花
晴れているときなどにふってくる雪で、小さな雪の結晶が風に乗って飛ばされてきたものです。

雪あられ
雲の中の水のつぶが白くこおりついたあられの一種で、5mm未満の大きさです。雪ではありませんが、雪といっしょにふることが多いです。

◀氷あられ。あられには、白色の雪あられと、すき通った氷あられがあります。

Q 人工雪ってどんな雪？

雪が足りないときなどにスキー場で使われる人工雪は、自然にふる雪とは別のもの。小さな氷のつぶでできています。気温が氷点下のときなどに、霧状に水をまくなどしてつくられています。

メモ ぼたん雪は、水分をたくさんふくむ重い雪です。電線などにくっつきやすく、たくさんふると電線が切れてしまうこともあります。

雪の結晶の成長

背の低い六角柱の形をした雪の結晶は、たて方向に成長するときと、横方向に成長するときがあります。結晶が成長する場所の温度や水蒸気の量によって、成長のしかたがちがいます。

▶雪の結晶は、温度や水蒸気の量によって成長のしかたがちがうため、ふってきた雪の結晶を見れば、上空の大気のようすを知ることができます。このことから、かつて中谷宇吉郎博士は、「雪は天から送られた手紙である」といいました。

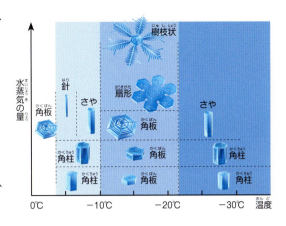

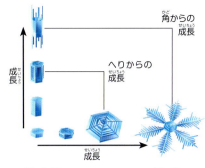

▲雪の結晶は、たてにのびたり、横に広がったりしていろいろな形になり、それらが組み合わさることもあります。

さまざまな雪の結晶

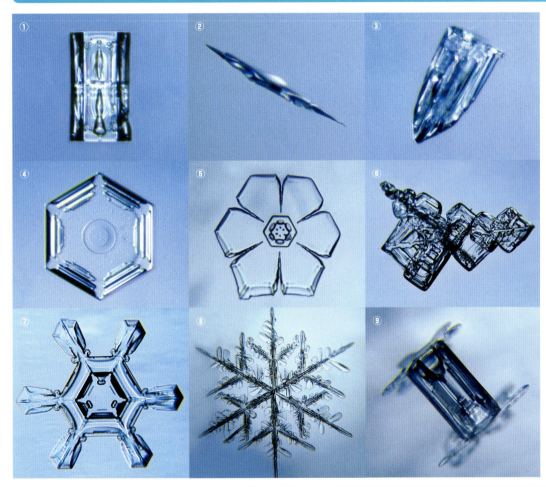

雪の結晶はさまざまな形のものがあります。ここではその一部を紹介します。
①角柱……六角形の氷がたてに長く成長した結晶です。
②針状……湿度が高いときに見られる細長い結晶です。
③砲弾状……角柱状の結晶の片側だけがとがった砲弾のような形の結晶です。
④角板……六角形の形をした、うすい板状の結晶です。
⑤扇形角板……角板の角が扇の形に成長した結晶です。
⑥御幣状……角板が横にくっつき合い、神社で用いられる御幣という紙にそっくりな形になった結晶です。
⑦角板つき六花……角板が横に成長して、それぞれの角から角板が成長した結晶です。
⑧樹枝状六花……マイナス15℃前後で湿度が高いときに見られる、木の枝ににた結晶です。
⑨樹枝つき角柱……たてに成長した結晶の上下に、六花の結晶があとからくっついたものです。

雪の結晶を観察してみよう！

板や箱に黒い布をはり、そこにふってくる雪を受けて、虫めがねなどで観察できます。布があたたかいうちは雪の結晶がとけてしまうので注意しましょう。雪がとけてしまわないように、マスクをして観察するとよいです。

雨・雪・みぞれのちがい

雪は落ちてくる途中でとけると雨になります。雪と雨がまじっているのが「みぞれ」です。雪、雨、みぞれのどれになるかは、地上の気温や湿度が関係します。気温が少し高くても、湿度が低ければ雨ではなく雪がふります。

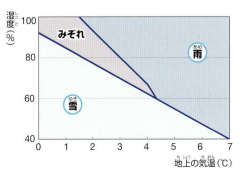

 メモ　北海道大学の中谷宇吉郎博士（1900〜1962年）は、1936年に世界ではじめて雪の結晶を人工的につくりました。

積乱雲の中で起こる放電現象 DVD

雷（かみなり）

水▶▶姿を変えて地球をめぐる

雲の中の氷のつぶは、ぶつかりあうと静電気を帯びます。ふだん、空気中は電流が流れません。しかし雲の中などで電気がたくさんたまると、空気中を電流が流れることがあります。それが雷です。

▶落雷（ベネズエラ）
雷の正体は空気中を流れる電気です。その電圧は数億ボルトにもなり、さまざまな形になります。

電気

Q 雷はどうやって起こるの？

積乱雲の中には、氷のつぶがたくさんあります。氷のつぶどうしがはげしくぶつかり合うと、摩擦によってプラスやマイナスの電気を帯びます。このプラスとマイナスの間で電気が流れて光ることを雷といいます。また、雷の通った空気は数万℃もの熱で急速にふくらむため、その振動が空気中を伝わることで大きな音を出し、雷鳴となって聞こえてきます。

▲雲の中で氷のつぶがこすれあって静電気を帯びます。

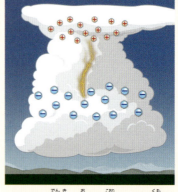
▲プラスの電気を帯びた氷のつぶは雲の上の方へ、マイナスの氷のつぶは雲の中の方にたまり、その間に電流が流れます。

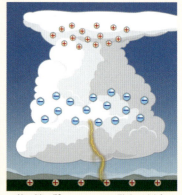
▲雲の中の方のマイナスの電気と地上のプラスの電気の間でも電流が流れて、雷が落ちます。これが落雷です。

 メモ　本州で1年間に雷が発生する日数が多いのは、太平洋側よりも日本海側です。日本海側では冬に雷がたくさん発生します。

積乱雲

いろいろな雷の姿

遠雷
遠くの雷は色が赤っぽく見えます。また、近くで鳴る雷は「バリバリ」と聞こえてきますが、遠くで鳴る雷は音の振動が空気に吸収されて、「ゴロゴロ」や「ドーン」とこもったように聞こえてきます。

稲妻
雷は、雲と地上の間でだけ起きるものではありません。雲と雲の間で、横方向に稲妻が走ることがあります。プラスの電気とマイナスの電気がある程度以上たまり、その間で電流が流れれば、どんな方向にも稲妻は走ります。

▶スプライト　75ページ

落雷の被害

雷が人の体に直撃するだけでなく、雷が落ちた木のすぐ近くにいる場合も、電流が近くにいる人の体に流れることがあって危険です。また、落雷の影響で、電源コードをコンセントにつないだままの電子機器がこわれることもあります。

もしも雷が近づいてきたら…
家の外にいるときは、開けた場所や高いところは危険です。比較的安全な建物や自動車、電車などの中に避難しましょう。

▼建物などがない場合は、電柱や木など、高さ5m以上のもののいちばん上のところを45°以上の角度で見上げる範囲で、電柱などから5m以上はなれたところに避難しましょう。

雷までの距離を計算してみよう

雷が光ってから音が聞こえてくるまで、少しだけ時間がかかるときがあります。この時間を計れば、雷までのおおよその距離を知ることができます。

光の速さは秒速30万kmですから雷の光は一瞬でとどきますが、音の速さはだいたい秒速340mです。光ってから音がとどくまでの秒数に340mをかければ、雷までの距離を計算できます。雷雲は動いているので、音の鳴る方向も記録しておきましょう。

▲たとえば、雷が光ってから音が聞こえるまで6秒かかったとしたら、音が進んだ距離は、「340m×6秒＝2040m」です。雷はおよそ2km先で発生しているということになります。

メモ　建物の上に立てた金属の棒から地面まで電線をつないだものを避雷針といいます。雷の電流を地面に逃がしてやるための装置です。

コラム

すごい！びっくり！
世界の気象現象

気象現象は、地理や気候などの条件が変われば、その姿や規模もちがってあらわれます。世界のめずらしい気象現象を見てみましょう。

エジプト

▲ハムシーン

エジプトなどで3月〜5月ごろに南の方からふいてくる、気温が高くてかわいた強い風のことです。エジプトの北に低気圧があるとき、その低気圧に向かって南から風がふきます。そのとき南にあるサハラ砂漠の砂がまい上がって運ばれてきて、大きな砂嵐になります。

アラスカ

◀ブリザード

とても強い風によって起きる吹雪や地吹雪のことです。もともと北アメリカで起きる現象のことをブリザードとよんでいましたが、今では北アメリカ以外で起きるものもそうよばれています。ブリザードは南極でもしばしば発生します。

オーストラリア

モーニンググローリー

オーストラリア北部のカーペンタリア湾などで見られる、とても長いロール状の雲（➡31ページ）です。カーペンタリア湾で見られるモーニンググローリーは、長さ1000kmにおよぶこともあります。

▼ムーンボウ（月虹）

太陽の光にくらべて月の光はとても弱いので、月虹（➡72ページ）はふだんはなかなか見られません。満月の夜に大きな滝がある場所にいくと、月虹を見られることがあります。滝の近くで、水しぶきのために空中にうかんでいるたくさんの水のつぶが、美しい月虹をつくりだすからです。

ブラジル（イグアスの滝）

メモ　地吹雪とは、積もった雪が風でまい上がって吹雪のようになる現象のことです。

▲ペニテンテ
　南アメリカ、チリのアンデス山脈などの高地で、氷やかたまった雪が柱のように立っているものです。氷がとけたり蒸発したりしてできると考えられています。柱は真昼の太陽の方を向いています。

▲カルマンうず
　空気や水などの流れの途中に、棒のようなものを立てたときに、風下側にできるいくつものうずのことをカルマンうずといいます。写真は南アメリカのチリ上空で、島の風下側の雲にできたカルマンうずです。日本の屋久島でも観測されたことがあります。

▲日本で見られる「アイスモンスター」は、ペニテンテににていますが別のものです。東北地方の蔵王山などで、アオモリトドマツの木に樹氷ができ、その樹氷に風によって雪と氷が付いてできます。高さが10mになることもあって、怪物のように見えることから名づけられました。気温がマイナス10℃～マイナス15℃と低く、風が強いときにできます。

▲サンフランシスコの霧
　アメリカ西部、カリフォルニア州のサンフランシスコ付近では、風によって表面付近のあたたかい海水が沖にふきよせられ、下から冷たい海水がわき上がってきます。しめった空気が、その冷たい海水で冷やされて霧がよく発生します。

▲マラカイボの灯台
　南アメリカのベネズエラ北西部に、マラカイボ湖があります。その湖に注ぐカタトゥンボ川河口付近では、4月から11月にかけてたくさんの稲妻が光り、1日に数千回光ることもあります。この稲妻の光が灯台のかわりになっていた時代もあったことから、マラカイボの灯台とよばれています。

■ 世界・日本の気象記録（2017年まで）
（『気象年鑑』2006年版などを参照）

	世界	日本
最高気温	56.7℃　アメリカ・デスバレー　1913年7月10日	41.0℃　高知県・江川崎　2013年8月12日
最低気温	-89.2℃　南極・ボストーク基地　1983年7月21日	-41.0℃　北海道・旭川　1902年1月25日
最大風速	毎秒84.2m　アメリカ・ワシントン山　1934年4月12日	毎秒72.5m　静岡県・富士山　1942年4月5日
最大瞬間風速	毎秒103.3m　アメリカ・ワシントン山　1934年4月12日	毎秒91.0m　静岡県・富士山　1966年9月25日
年間降水量	26461mm　インド・チェラプンジ　1860年8月～1861年7月	8670mm　宮崎県・えびの　1993年
最深積雪	1153mm　アメリカ・タマラック　1911年3月19日	1182mm　滋賀県・伊吹山　1927年2月14日

　カルマンうずは、気象衛星ひまわりの画像にも、屋久島や韓国の済州島の近くでうつっていることがあります。

第3章
光 太陽が生み出す気象現象

太陽の光は、大気中の水や氷のつぶに反射するなどして、虹やダイヤモンドダストといった現象を見せてくれます。第3章では、そのような美しい現象や、しんきろうのようなちょっと不思議な現象など、さまざまな気象現象を紹介します。

▼光環と彩雲

太陽の手前を雲が通過したとき、雲をつくる水のつぶによって、太陽のまわりが丸く色づき（光環）、周囲の雲にも色がつきました（彩雲）。太陽の光には、さまざまな色が入っています。

雨上がりに見られる7色の光
虹

光 ▶▶▶ 太陽が生み出す気象現象

雨が止んだあと、太陽と反対の方向に虹が出ることがあります。虹があらわれるには、空中にたくさん水のつぶがあることが必要です。雨上がりには水のつぶがたくさんあるので、虹があわれれるのです。

▲雨上がりの虹
虹は、太陽の光が反射して曲がることで起きる現象です。大きな曲線をえがいて見えます。

 虹は、なぜいろいろな色に分かれているの？

太陽の光は、いくつもの色の成分からできています。光が空気中から水などの性質がちがう物質の中に入ると、光は曲がります（「屈折」といいます）。光は色によって曲がる角度が少しずつちがっているため、水のつぶやプリズムなどに入ったり出たりするといくつもの色に分かれます。虹がいろいろな色に分かれて見えるのは、そのためです。

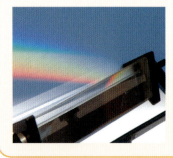

◀プリズムという三角形の光学ガラスに光を通すと、色が分かれるようすを観察できます。光の色によって曲がる角度が決まっていて曲がりにくい方から、赤、オレンジ、黄、緑、青、藍、紫という順番になります。

虹ができるしくみ

太陽の光は、空中にうかんでいる水のつぶに出入りするときに曲がったり、その中ではね返ったりします。一度はね返るので、虹は太陽とは反対の方向にあらわれます。また、太陽の光は水のつぶに出入りして曲がるとき、たくさんの色に分かれて見えます。虹の見え方は、太陽と水のつぶと自分の位置関係で決まるので、太陽の位置によって虹が半円形に見えたり、その一部が見えたりします。

 「朝に虹が出ると雨がふる」といわれています。朝日が西の雨雲にあたって虹が出ます。その雨雲がやがてやってくるのです。

さまざまな虹

虹は、大気の状況によって、めずらしいあらわれ方をすることがあります。いろいろな虹をさがしてみましょう。

二重の虹（主虹と副虹）

はっきりした虹の外側に、虹がもうひとつうっすらとあらわれることがあります。はっきりした内側の虹が主虹、もうひとつの外側の虹が副虹です。副虹の色の並び方は主虹とは逆になります。

◀主虹では水滴の中で光が1回はね返りますが、副虹では2回はね返ります。色の並び方が逆になり、ちがう高さのところに見えます。

時雨虹

虹というと夏のイメージがありますが、秋から冬の時期に時雨（➡51ページ）がふることで出る虹のことを「時雨虹」といいます。

過剰虹

主虹の内側に重なったように見える虹色の帯を過剰虹といいます。「干渉」といって、光が重なると強め合ったり弱め合ったりする性質があるために起きる現象です。

株虹（蕪虹）

地平線に近いところの一部だけが見えている状態の虹です。雲があって太陽の光が空の一部にしかあたっていなかったり、一部だけで雨がふったりしたときに見えます。

白虹

霧のときに見られるので「霧虹」ともよばれます。大気中の水のつぶがとても小さいと、水のつぶの中で光が色に分かれにくくなり、白くて太い虹になります。

虹をつくってみよう！

虹は必ず太陽の反対側にあらわれます。太陽が出ているときに、太陽の反対側に向かって霧ふきをふくなどしてみてください。空中にうかんだ小さな水のつぶに、太陽の光があたって虹のような色があらわれます。滝や噴水のように小さな水しぶきがたくさん飛んでいるようなところでも、小さな虹が見えることがあります。

◀霧ふきでつくった虹。公園などの広い場所でやってみましょう。

▶公園の噴水でも虹を見ることができます。

 主虹と副虹の間は、少し暗く見えます。最初に記述した古代ギリシアの哲学者にちなんで「アレキサンダーの暗帯」とよばれます。

空は、なぜ赤くなるの？
朝焼け・夕焼け

光▶▶▶太陽が生み出す気象現象

朝、日がのぼるころの東の空が赤くなることを「朝焼け」、夕方、日がしずむころの西の空が赤くなることを「夕焼け」といいます。昼間は青い空が、なぜ朝や夕方には赤くなるのでしょう？ それは、地球に大気があることと関係があります。

▶夕焼け空
台風が去ったあとの夕焼けです。
夕日が雲にあたって、空一面が
赤く見えています。

「夕焼けは晴れ」

太陽がしずむ西の方角が雲におおわれていると、夕焼けは見えません。夕焼けが見えるということは、西の方が晴れているからです。日本付近では、毎日の天気は西から東へと変わっていくので、夕焼けが見えた次の日は晴れることが多くなります。

▲夕焼け雲。太陽がしずんだあと、高い雲が赤くそまっています。

空が赤く見えるしくみ

太陽の光は空気のつぶ（分子）にあたるとまわりにちらばり、赤い色よりも青い色の方がたくさんちらばります。朝や夕方は、太陽の光が昼間にくらべて大気の中を通る距離が長いため、地上にいる人のところにたどり着くまでに青い色がちらばりきってしまい、赤い光が多くとどきます。そのため、朝や夕方は空が赤く見えます。

メモ　冬にまぶしい黄金色の朝日が出る日は、天気が晴れになります。一方、朝日が赤い日は空気がしめっていて、天気が悪くなる可能性があります。

朝日と夕日は同じように見えるの？

朝日と夕日をくらべると、朝日の方が黄色に見えることが多く、よりかがやいて見えます。昼間は、たくさんの自動車が動いたり、工場からけむりが出たりすることなどによって、空にちりなどの小さなつぶがまい、光が朝より多くさえぎられてしまうため、夕日は赤みが強くなります。

▲朝日。朝の方が空気のよごれが少ないので黄色っぽく見えます。

薄明

夕日が水平線の下にしずんでも、すぐに真っ暗になるわけではなく、少しずつ暗くなっていきます。朝日が出る前は、少しずつ明るくなってきます。このように空が少し明るい状態のことを「薄明」、とくに夕暮れ時を「たそがれ」といいます。薄明は、太陽の光が上空の大気でちらばるために起きます。

市民薄明
明かりがなくても屋外で作業ができるくらいの状態の薄明です。日の出の25分くらい前から、また日の入りから25分くらいあとまでです。

航海薄明
航海する船乗りが、星と水平線を観測して船の位置を確認できるぐらい明るい状態の薄明です。日の出の55分くらい前から、また日の入りから55分くらいあとまでです。

天文薄明
星明かりよりは、空が明るい状態の薄明です。日の出の85分くらい前から、また日の入りから85分くらいあとまでです。

「夕焼けは晴れ」といいますが、夕焼け雲の赤みが強くてにごっていると、次の日の天気は悪くなることがあります。

空は、なぜ青く見えるの？
青空

光▶▶▶太陽が生み出す気象現象

晴れた日の空は青く見えます。もし月の上に立って空を見上げたとしても、空は青く見えません。ちがいは、大気があるかどうかです。空が青く見えるのも、朝焼けや夕焼けと同じように地球に大気があることと関係しているのです。

▶快晴の青空
雲ひとつない青空です。大気がすんでいると、空はきれいに見えますが、晴れていても大気中にちりなどが多いと、かすんで白っぽく見えることがあります。

日中の空が青く見えるしくみ

太陽の光は、空気の分子にあたるとまわりにちらばります。そのとき赤っぽい色よりも青っぽい色の方がたくさんちらばります。そのため空全体に青っぽい色の光が多くちらばって青く見えます。

Q 海の色が青いのは、空と同じ理由なの？

晴れた日の海は青色をしていますが、空が青く見えるのとは理由がちがいます。水は赤っぽい色の光をよく吸収する性質があります。太陽の光が海に入ると、赤っぽい色の光が吸収されてしまうため、海は青色に見えるのです。

📝メモ　とくに春の空は冬よりも気温が上がり、空気中の水蒸気やちりがふえて、空が白っぽくかすんで見えます。

いろいろな空の色

飛行機から見た空

高さ10〜13km付近を飛ぶジェット機から空を見ると、空気がうすいので太陽の光がそれほどちらばらず、また、宇宙の暗さに近づくので青がこく見えます。

月の空

月には大気がありません。そのため太陽の光がちらばることがないため、昼間、空に太陽が見えていても、空は暗いままです。

▶月面上で撮影された写真。地面は明るいのに、空は黒く見えます。

メモ　青っぽい光は波長が短く、ちっ素や酸素などの空気にぶつかって、たくさんちらばります。これをレイリー散乱といいます。

光が曲がって形が変わる　DVD

しんきろう

光 ▶▶▶ 太陽が生み出す気象現象

空気の密度が変わるところを通ると光は曲がります。光が曲がって景色がさかさに見えたり、背が高く見えたりといった、しんきろうが起きることがあります。

さかさに見える船

しんきろうで上がって見える海

実際の船

▲上位しんきろう（富山県）
富山県では春に見られる上位しんきろうが有名で、海上の冷たい空気の上に、陸地からあたたかい空気がやってきて起きます。写真では遠くの景色がさかさになって、実際の景色の上側に見えています。

▼下位しんきろう（千葉県）
日本では冬によく見られ、あたたかい海の上に冷たい空気の層が乗るときに起こります。写真は「浮島現象」とよばれるものです。水平線が実際よりも下側に見え、そこに海上の景色がうかび、景色の一部がさかさになって見えています。

✏️メモ　むかしの人は、しんきろう（蜃気楼）は「蜃（ハマグリ）」が「気」をはいて、「楼（高い建物）」があらわれたものと考えていました。

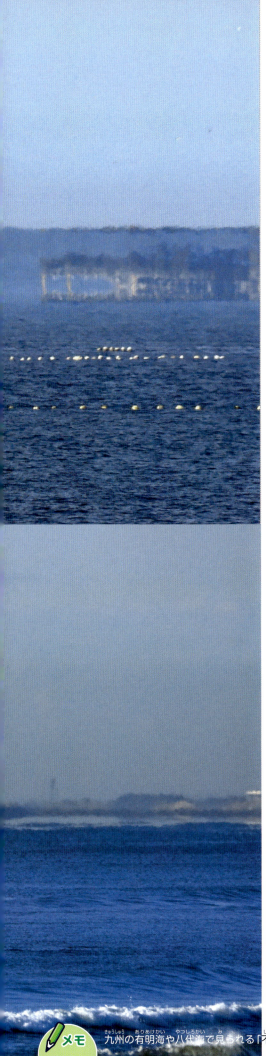

しんきろうの種類としくみ

しんきろうは、その見え方によって大きく3つの種類が知られています。

上位しんきろう

地面や海面の近くに冷たい空気があって、その上にあたたかい空気があるときに見えるしんきろうです。光が上にふくらむように曲がるため、遠くの景色が上にのびたように見えたり、さらにその上側でさかさになって見えたりします。

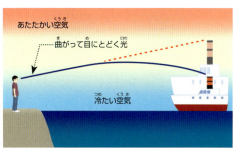

下位しんきろう

地面や海面の近くにあたたかい空気があって、その上に冷たい空気があるときに見えるしんきろうです。光が下にふくらむように曲がるため、景色がさかさになっているように見えます。浮島現象や逃げ水なども、下位しんきろうです。

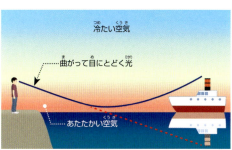

▲浮島現象
遠くの島やみさきがうかんでいるように見える下位しんきろうの一種です。遠くの船が宙にうかんでいるように見えることもあります。

▲だるま太陽
あたたかい海の上に冷たい空気がやってきたときに見える現象で、太陽がだるまのような形に見えます。

▲逃げ水
アスファルトの道路や線路などで、実際には存在しない水があるように見える現象です。太陽光があたって地面が熱くなり、その上の空気があたためられるために起きます。

▲道路のアスファルトなどがあたためられて、あつい空気がゆらゆらと立ちのぼり、その後ろの景色もゆらゆらとゆれて見える現象を「かげろう」といいます。しんきろうではありません。

側方しんきろう

あたたかい空気と冷たい空気が横方向にならんでいるときに見えるしんきろうです。めったに見られないめずらしい現象です。

▶南極で撮影された側方しんきろう。水平線の上に出てきた太陽の光の左右に、別の光があらわれています。

メモ　九州の有明海や八代海で見られる「不知火」は、側方しんきろうによって漁船の明かりが横の方にも見える現象といわれています。

極地でゆらめく光のカーテン
オーロラ

光▶▶太陽が生み出す気象現象

北極や南極に近い緯度の高いところでは、カーテンのようにゆらめく美しいオーロラを見ることができます。太陽からやってくる電気を帯びたつぶが、大気中の原子や分子とぶつかって光を出している現象です。つぶのスピードや、ぶつかる原子や分子の種類によって色がことなります。

▶オーロラ（アラスカ）
オーロラは、風にはためくカーテンのように動いて見えるので、「光のカーテン」ともよばれます。しかし、カーテンのほかにも、さまざまな形であらわれます。

オーロラができるしくみ

太陽からは、陽子や電子などの電気を帯びたつぶがふき出していて、風にみたてて「太陽風」とよばれています。この電気を帯びたつぶが、地球の大気の原子や分子とぶつかって光る現象がオーロラです。地球は大きな磁石のようになっていて、まわりに磁気圏があります。磁気圏があるために電気を帯びたつぶは曲げられて、北極や南極の周辺に入っていきます。そのためオーロラは南極や北極でよく見られます。

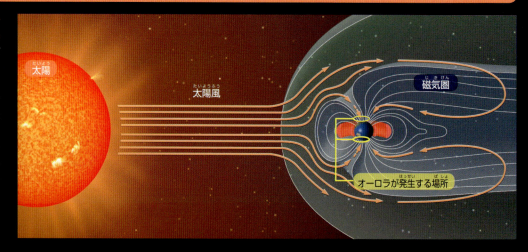

メモ　太陽風は、秒速400kmくらいのスピードでふいていて、いちばん外側の惑星、海王星よりもずっと外までとどいています。

オーロラの色と高さ

よく見られるオーロラの色は緑です。緑の光は100〜200kmくらい上空で、太陽風が酸素原子にぶつかって出ます。もっと高いところでは、酸素原子が赤い光を出します。オーロラの下の方にあらわれるピンク色（下の写真）は、ちっ素分子から出る光です。

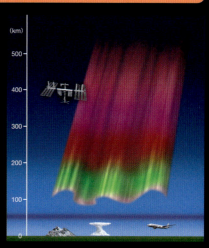

オーロラが見られる場所

オーロラはふだん、北極や南極を取りかこむような高緯度のドーナツ状の地域で、よく見られます。北半球では、北欧やアラスカ、カナダ北部など、南半球では南極大陸周辺です。南半球のオーストラリアやニュージーランドでは低緯度オーロラが見られます。

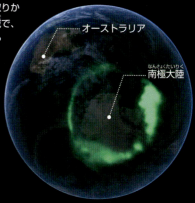

▶NASAの衛星が撮影した南極付近のオーロラ。

 日本でもオーロラは見られるの？

オーロラは北海道でまれに見られ、本州では数十年に1度見られます。奈良時代につくられた歴史書である『日本書紀』には「赤気」という名称でオーロラが出てきます。写真のあわい赤色の部分は、2003年に茨城県で撮影された「低緯度オーロラ」です。

▲低緯度オーロラ
太陽の表面で大きな爆発が起きると、電気を帯びたつぶがたくさん飛んできますが、そのようなときにはオーロラが大きくなり、いつもより低い緯度でも観測されることがあります。低緯度で見られるオーロラはあわい赤色がほとんどです。

▶木星のオーロラ
太陽系最大の惑星である木星でもオーロラがあらわれます。地球のものと同じように、ドーナツ状にオーロラが発生しています。地球以外でも、木星や土星、海王星、天王星などでも見られます。

 オーロラは、まれに高さ500kmになることがあり、その上方の赤い色が日本などの低緯度から見えることがあります。

まだある美しい空！
光の気象現象図鑑

ここまで紹介してきた現象のほかにも、大気中にうかぶ水のつぶや氷のつぶ、太陽の光などによって起こる、さまざまな気象現象があります。それらの中には比較的よく見られる現象もあれば、なかなか見ることができないとてもめずらしい現象もあります。ここでは「レア度」として、めずらしい現象ほど多く星印をつけています。

光 ▶ ▶ ▶ 太陽が生み出す気象現象

▲茨城県で撮影された薄明。

太陽柱 Sun Pillar レア度 ★★☆

太陽が地平線近くにある日の出や日の入りのころ、太陽の上や下に光の柱が見える現象です。上空で雪がふっているとき、六角形の板状の氷のつぶに太陽の光が反射して光ることで起きます。太陽の光だけでなく、町の明かりや、海上の船の漁火など、人工的な明かりが上の方にのびて見えることもあります。

幻日 Sun Dog レア度 ★☆☆

太陽の右側と左側のはなれたところが明るく光って見える現象です。明るくなるのは、中心から左右に22°くらいはなれたところです。虹のような色がついて見えることもあります。雲の中に六角形の板状の氷のつぶがあり、太陽の光がその氷のつぶに横から出入りするときに曲がることで起きます。

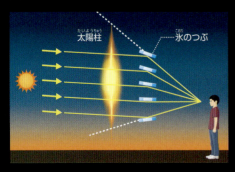

◀大気中をひらひらとまい落ちる氷のつぶに太陽光があたると、観察者からは太陽の上下に光のすじがのびているように見えます。

 太陽柱と同じしくみで、月の光では「月光柱」という現象が見られることがあります。

環天頂アーク　Circumzenithal Arc　レア度 ★★☆

朝や夕方、太陽が低いところにあるとき、虹のような色の帯が空高くに見える現象です。虹とは色の順番が逆で、地平線に近い方が赤になります。太陽と同じ方角に見え、その上にあらわれます。

▶雲の中で、六角形の板状の氷のつぶに太陽の光がななめ上から入ります。環天頂アークは、光が氷のつぶに出入りするときに曲がることで起きます。

環水平アーク　Circumhorizonthal Arc　レア度 ★★★

春や夏の昼前後、太陽が高いところにあるときに、低い空で地平線と平行に虹のような帯が見える現象です。六角形の板のような形をした氷のつぶの横から入った太陽の光が底の面からぬけるときに、光が曲がることで起きます。環天頂アークと同じように、太陽と同じ方角に見えます。

太陽のまわりに見える光学現象

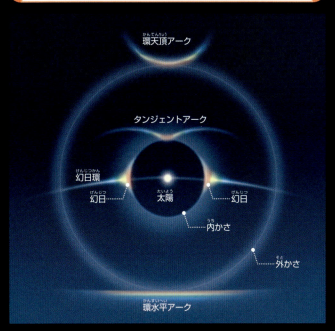

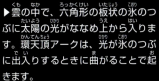

日がさ（日暈）　Halo　レア度 ★☆☆

太陽から22°はなれたところや46°はなれたところに、太陽を取りまくぼんやり明るい環が見える現象です。22°のところに見えるものを「内かさ」、46°のところに見えるものを「外かさ」といいます。よく見られるのは内かさです。

▶雲の中で、六角形の柱状の氷のつぶに、横から太陽の光が出入りするときに曲がって起きます。

巻雲や巻層雲など、空高くにできるうすい雲は氷のつぶでできています。幻日、環天頂アーク、環水平アーク、タンジェントアークは、六角形の板、または柱のような形をした氷のつぶを、光が出入りするときに曲がることで起きます。幻日環は、そのような氷のつぶに太陽光が反射することで起きます。

◀タンジェントアーク。内かさの上下に見えるV字形をした光です。太陽の高さによって、見える形が変わります。

メモ　環天頂アークは「逆さ虹」とよばれることもあります。ただし、虹は水のつぶでできますが、環天頂アークは氷のつぶでできます。

光の気象現象図鑑

光 ▶▶▶ 太陽が生み出す気象現象

富士山

沖縄県

ブロッケン現象 Brocken Spectre　レア度 ★★★

山の上で、太陽と反対側にある雲や霧に自分の影がうつり、その影のまわりに虹色の環が見える現象です。虹色の環は、雲や霧をつくる小さな水のつぶに、反射した太陽の光がまわりこむことで発生します。ブロッケンは、この現象がよく見られるドイツの山の名前です。雲にうつる影は「ブロッケンの妖怪」、虹色の環は「ブロッケンの虹」や「光輪」ともよばれます。

◀ブロッケン現象は、太陽を背にしたときにできる影の周囲に広がります。虹をつくる水のつぶよりもずっと小さい水のつぶに太陽の光があたって起こります。

月虹 Moonbow　レア度 ★★★

満月のときなどに、月の光によって虹が発生することがあります。そのような虹を月虹といいます。見えるしくみはふつうの虹（➡60ページ）と同じで、水滴に光が出入りするときに光が曲がるのですが、色によって曲がる角度がちがうために虹色に分かれて見えます。滝の水しぶきなどで見えることもあります。

▲2016年に石垣島で観測された月虹。空気中の水のつぶに満月の光があたり、二重の虹が見えます。

画像提供＝国立天文台

▶滝の水しぶきの中に月明かりで見えた虹（栃木県）。

山梨県

アラスカ

光環（光冠） Corona　レア度 ★★★

太陽がうすい雲におおわれたときに、太陽のまわりにぼんやりとした環が見えることがあります。その環を「光環（光冠）」といいます。太陽の光が、雲つぶを回りこむことで起き、色がついて虹色に見えることもあります。火山灰や花粉、黄砂が空をおおうときに起きることもあります。サングラスをかけるなどして、目をいためないように観察しましょう。月に見られる光環を「月光環」といい、それとは区別して「日光環」とよぶこともあります。

▶月光環は半月から満月の間に見えやすいです。雲つぶの大きさが均一だと虹色に見え、ばらばらだと白っぽく見えます。

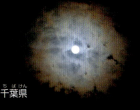
千葉県

彩雲 Cloud Iridescence　レア度 ★★★

太陽のすぐ近くにある雲やその一部にあざやかな色がついて見える現象です。光は小さなつぶにあたると波のように回りこむ性質があります。太陽の光が、雲つぶを回りこむときに、色によって曲がる角度がちがうために、色がついて見えます。巻積雲に見られることが多いです。むかしから、よいことが起きる前ぶれだといわれてきました。

▶彩雲は富士山周辺で見られるものが有名で、流されて消える雲のほか、笠雲やつるし雲（➡41ページ）にもできます。

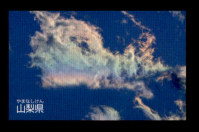
山梨県

72

 メモ　太陽の光が小さな雲つぶにぶつかるとき、波のように後ろに回りこむことを「回折」といいます。光環、彩雲などは回折のためです。

千葉県

映日 Subsun レア度 ★★☆

上空の飛行機や、高い山の上から見下ろしたとき、太陽の下に光の点が見える現象です。太陽柱(➡70ページ)と同じ原理で起きるもので、細長く見えることもあります。雲の上に出る飛行機から、雲の上の面に太陽光が反射して映日が見られることもあります。

▶飛行機から撮影された写真。中央の下側に白い光が見えます。これが映日です。

▲映日は、六角形の板状の氷のつぶに、太陽の光が反射して起きます。

天われ レア度 ★★★

太陽が地平線近くにある日の出や日の入りのころ、太陽の光が雲にさえぎられて、空の一部に影ができて暗くなることがあります。暗くなった影の部分がまだ明るい空を分けて、まるで天がわれたように見えることから「天われ」とよばれます。台風が近づいたときなどに、ときどき見られます。

沖縄県

東京都

▲雲の下に太陽があるとき、光芒は上側にものびることがあります。

光芒(薄明光線) Light Beam レア度 ★☆☆

雲のすきまから太陽の光がもれ出して見える現象です。太陽の光が大気中の水のつぶなどにあたって、すじのように明るく見えます。また、上空から地上に向かって光がさしているときのようすは「天使のはしご」ともよばれます。太陽の光は、実際には平行にさしこんでいるのですが、遠近感のために広がっているように見えます。

Q 赤い月は、なぜ大きく見えるの？

地平線の近くにある月は、高い空にある月よりも大きく見えるといわれます。ただ、実際には見た目の大きさにちがいはほとんどなく大きく見えるのは目の錯覚が原因だといわれています。

千葉県

赤い月 Red Moon レア度 ★★☆

地平線の近く、低いところにある月は赤く見えることがあります。これは夕日が赤く見えるのと同じ理由(➡62ページ)で起きます。月の光のうち、青っぽい色は地上にとどくまでに大気中でちらばりきってしまい、赤っぽい光がとどくのです。

 メモ　光は回折するとき、色(波長)によって曲がり方がちがうので、いろいろな色や虹色に分かれて見えます。

73

光の気象現象図鑑

光 ▶▶ 太陽が生み出す気象現象

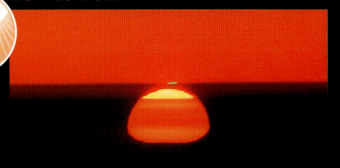

グリーンフラッシュ　Green Flash　レア度 ★★★

晴れて空気がすんでいるとき、水平線や地平線付近に見えることがあります。日の出や日の入りのころに、太陽のいちばん上のところが、わずか1秒ほどだけ緑色にかがやきます。

▲高度1万m付近を飛ぶ飛行機から撮影した日の入り。夕日の上側が、わずかに緑色に光っています。

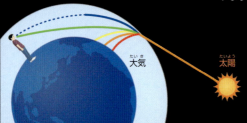

▲地平線近くからの太陽光は、大気を通るときにプリズムのように曲がります。青色の光は大気中でちらばってしまい、緑色の光がいちばん上になって一瞬とどきます。

茨城県

四角い太陽　レア度 ★★★★

太陽が水平線の近くで一部だけ出ているとき、しんきろうによって上の方にのびて、四角く見えることがあります。海面の近くに冷たい空気があって、その上にあたたかい空気があるときに起こる上位しんきろう（➡67ページ）によるものです。

▶南極で撮影された四角い太陽。日本では、北海道東部などでも朝日で見られます。

◀地平線の上側の暗くなった部分が地球影です。青空とのさかい目のピンク色に見えるところがビーナスの帯です。

二重富士　レア度 ★★★

実際の富士山と、富士山の影が重なって見える、ひじょうにめずらしい現象です。富士山の向こう側に太陽がしずんだときに、富士山の影が上空の雲やもやなどにうつるために起こります。影は富士山の向こう側ではなく、手前側にあります。

▼日がしずんで、りんかくだけが見える富士山の上側に、ぼんやりと黒っぽい影（二重富士）が見えます。写真は富士山から120kmはなれた千葉県北西部から撮影されました。

◀ビーナスの帯
◀地球影

地球影　Earth Shadow　レア度 ★★★

日の出直前や日の入りの直後のときに、地上の人から見て地平線の下にかくれている太陽の光で、太陽とは反対側の空に地球の影がうつる現象です。地球は丸いので、太陽がしずんでも上空の高いところには太陽の光がとどいています。また、朝日や夕日の赤い色が空にうつってピンク色に見えるものをビーナスの帯といいます。

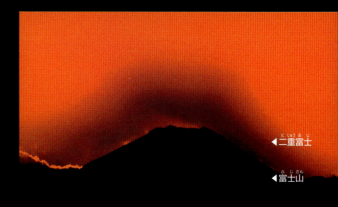

◀二重富士
◀富士山

74　📝メモ　金星（ビーナス）は「ビーナスの帯」とは関係ありません。金星は日の出前や日の入り後に、太陽の近くに見えます。

▲空全体が緑色の大気光におおわれています（北海道）。

大気光 Airglow　レア度 ★★☆

山や海など、街灯りのない真っ暗なところで夜空を見たとき、空がぼんやりと緑色や赤茶色に光って見えることがあります。これは、太陽の紫外線にもらったエネルギーによって、大気のとても高いところにある原子や分子がかすかに光る現象です。

▶国際宇宙ステーションから撮影された大気光。地平線の上が、緑色、赤色、紫色の順番で大気が光っています。

栃木県

ダイヤモンドダスト（細氷） Diamond Dust　レア度 ★★☆

ふつう、氷は水がこおってできますが、気温がマイナス10～マイナス20℃になると、空気中の水蒸気が直接、氷のつぶになることがあります。その氷のつぶに太陽の光があたってきらきらかがやく現象がダイヤモンドダストです。太陽の光が曲がって、いろいろな色にかがやきます。「ダイヤモンドのちり（ダスト）」がふるように美しく、太陽柱もいっしょに見えることがあります。気象観測のことばでは、降水現象の一種として「細氷」とよばれ、栃木県の日光などの山地や北海道の平地など、冬の朝に寒暖差がはげしい場所で見られることがあります。

◀雷雲の上側に発生するスプライトです。数百kmはなれた雷雲の上側に見えることがあり、雲の上側は晴れています。

火山雷 Dirty Thunderstorm　レア度 ★★★

雲の中では氷のつぶどうしがぶつかって電気を帯びます（➡54ページ）が、火山の噴煙の中では火山灰などがぶつかり合って電気を帯びて雷が発生することがあります。そのように噴煙の中で起きる雷を火山雷といいます。

▼鹿児島県の桜島で観測された火山雷（2013年）。噴煙の中で雷が起きています。

スプライト Red Sprite　レア度 ★★★

雷が起きたときに、そのはるか上空でほんの短い時間だけ赤く光る現象です。雷は高さ10数kmまでの対流圏で起こりますが、スプライトは成層圏のさらに上の中間圏で起こります。同じように対流圏よりも上で起きる発光現象はスプライトのほかにも、青く光る現象やドーナツの形に光る現象などがあります。

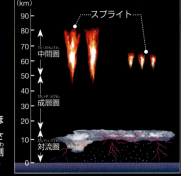

▶スプライトは、長さが10kmほどのものから50kmのものまでさまざまあり、どれも積乱雲の上側の中間圏で起きます。

 スプライトがはじめて発見されたのは1989年。発見されてからまだ30年ほどしかたっていない現象です。

コラム　すぐに使ってみたい！
天気のことば

雲の動きや風の強さなどから、これからの天気を予測することを「観天望気」といいます。むかしから言い伝えられて、今でも使われている天気にまつわることわざや四字熟語もたくさんあります。

観天望気　天気図やレーダー画像などにたよらずに、空のようすを見て明日の天気を予測するのが観天望気。観天望気に役立つことばをいくつか紹介します。

「わた雲が動くと雨近い」
わた雲（積雲）が動くのは、しめった空気がやってきているときです。低い雲がふえるなどしたら雨に注意です。

「朝焼けは雨」
高気圧と低気圧が西から交互にやってきます。朝焼けが見えるということは、東の方から太陽の光が出ても、西から低気圧が近づいてきて雲がふえ、やがて雨になるだろうということです。

「星がまたたくと風強い」
星からの光は、空気の密度がかわるところを通ると曲がります。上空で風が強いと、空気の密度のちがいが大きくなって星のまたたきが強くなります。地上にも強風がやってくるかもしれません。

「髪にくしが通りにくいときは雨」
雨になりそうな感じで湿気が多いと、髪の毛が水分をすって、のびたり曲がったりしてくしが通りにくくなるといわれています。

「山の笠雲は雨」
山のてっぺんに帽子をかぶせたような笠雲（→41ページ）は、しめった空気が山にぶつかって上昇してできます。そのため雨がふりやすいのです。

「太陽がかさをかぶると雨」
太陽のかさ（日がさ）は、空に巻層雲があるときにできます。巻層雲は低気圧が近づくときにできやすいので、日がさが見えると天気がくずれることが多いです。

「ツバメが低く飛ぶと雨」
湿度が高くなると、ツバメのエサになる虫の羽が重くなって低いところを飛ぶようになり、それをねらうツバメも低いところを飛ぶといわれています。

メモ　低気圧が近づいて湿度が上がると、アマガエルのオスがメスをよぶために鳴くことがあり、「アマガエルが鳴くと雨」といわれています。

ことわざ・四字熟語

天気予報などがなかったむかしの人は日々の天気をよく観察していました。そのため、ふだん使うことばの中にも天気になぞらえたものがたくさんあります。

出典：『新レインボー小学国語辞典』（学研）

雨ふって地固まる
ことわざ 雨がふったあとは、地面がしまってかたくなるように、悪いことやいやなことなどがあったあとは、かえって前よりもよくなるというたとえ。

秋の日はつるべ落とし
ことわざ 秋は日がくれるのが早く、すぐ暗くなってしまうということ。**語源** つるべ（＝井戸のおけ）を手からはなすと、井戸の中にすとんと落ちることから。

暑さ寒さも彼岸まで
ことわざ 暑さは秋の彼岸まで、寒さは春の彼岸までで、それからは気候がよくなっていくということ。

嵐の前の静けさ
ことわざ 大変なことが起こる前の、不気味なほど静かなようすのたとえ。**語源** 嵐の前は少しの間、雨や風がやむことから。

雲散霧消
四字熟語 雲や霧が消えてあとに何ものこらないように、ものごとが消えて、なくなってしまうこと。**例** 心配ごとが雲散霧消した。

雲泥の差
故事成語 〔雲と泥とのちがいということから〕天と地ほどの大きなちがいのあること。**類** 月とすっぽん。

風がふけばおけ屋がもうかる
ことわざ 予想していなかったところに意外な影響が出るたとえ。また、あてにならないことを期待するたとえ。**語源** 大風がふくと砂ぼこりがたって、目の見えない人が多くなり、その人たちは三味線をならうから三味線をつくるためのネコの皮が必要となる。ネコがとらえられると、敵がいなくなるからネズミがふえて、そのネズミはおけをかじってこわすから、新しいおけを買うために、おけ屋さんがはんじょうしてもうかるようになる、という話から。

雲をつかむよう
慣用句 ぼんやりしていてつかまえどころがないようす。

五里霧中
四字熟語 〔深い霧の中にいて、方向がわからないことから〕ものごとの事情がわからなくて、どうしてよいかわからないこと。**参考**「五里霧」は、仙人が起こすという五里四方の霧。**注意**「五里夢中」と書かないこと。

三寒四温
四字熟語 冬に、3日ほど寒い日が続いたあと、4日ほどあたたかい日が続き、これがくり返される天候（中国では冬、日本では春先）。

青天のへきれき
故事成語 とつぜん起こった、大事件やびっくりするようなこと。**参考**「へきれき」は雷のこと。青空にとつぜん雷が鳴ることから。**注意**「晴天のへきれき」と書かないこと。

青天白日
四字熟語 ❶青空に日がかがやいていること。よい天気。❷自分の心に後ろ暗いことがないこと。罪がないことがはっきりすること。**例** うたがいがはれて青天白日の身になる。**注意**「晴天白日」と書かないこと。

電光石火
四字熟語 ひじょうにすばやいこと。**例** 電光石火のはやわざ。**参考**「電光」とは稲妻のこと。「石火」は火うち石から飛ぶ火花のこと。

天災はわすれたころにやってくる
ことわざ 水害・地震などのような自然による災害はいつ起きるかわからないから、いつも用心が大切だという教え。

雪崩を打つ
慣用句 〔雪崩が起きたように〕たくさんの人が一度にどっとうつり動く。**例** 客が雪崩を打っておしよせる。

波風が立つ
慣用句 あらそいや、もめごとが起こる。**例** 家の中に波風が立つ。

白日の下にさらされる
慣用句 かくれていたことが、みんなに明らかにされる。**参考**「白日」は明るい太陽のこと。

薄氷をふむ
慣用句 ひじょうに危険なことをして、ひやひやすることのたとえ。**例** 薄氷をふむ思いで、敵地にしのびこむ。

氷山の一角
慣用句 表面にあらわれていることは、全体のほんの一部にすぎないということのたとえ。

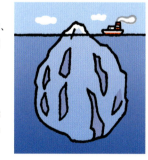

冬来たりなば春遠からじ
ことわざ 今はつらく苦しくても、やがて幸せなよいときがやってくるはずだから、しんぼうしなさいという教え。

付和雷同
四字熟語 自分の考えがなく、他人の意見にすぐ調子を合わせること。**語源**「不和」は、他人の意見にわけもなくしたがうこと。「雷同」は、雷が鳴りひびくと、それに応じて鳴りひびくこと。

メモ クモは、風が強そうな日や雨がふりそうな日は巣をはらないことが多いので、「朝、クモが巣をはっていると晴れ」といわれています。

77

第4章
風 —大気と気圧のしくみ

Wind

わたしたちに身近なほとんどの気象現象は、地球を取りまく大気の中でも平均的な高さが約12kmまでの対流圏で起こっています。第4章では、高気圧や低気圧、性質のちがう空気がぶつかりあう前線など、天気を決めるさまざまなしくみを見ていきましょう。

▼宇宙から見た巨大ハリケーン
2014年10月、国際宇宙ステーションから撮影された、大西洋に発生したハリケーン。中心部に向かって、うずをまくように雲が集まっています。

地球を取りまく空気の層
大気のしくみ

地球を取りまく気体をまとめて「大気」といい、大気は上空に行くほど、少しずつうすくなっていきます。上空1000kmほどの高さのところまで大気はありますが、大気の気体全体の99%は上空30kmほどの高さまでのところにあります。大気圏は高さによっていくつかの層に分けられています。

大気の層のつくり

熱圏（80～800km）
高くなるにつれて温度が上がります。流れ星は100kmほどの高さのところで光ります。また極地方などで見られるオーロラは100～500kmほどの高さで光る現象です。高度500km以上を「外気圏」とよぶこともあります。

中間圏（50km～80km）
成層圏や熱圏とは逆に、上空にいくほど温度が低くなります。地表面付近から中間圏までは、大気の成分はほぼ同じです。高さ80km付近には夜光雲という雲があらわれたり、スプライトという雷ににた現象が発生することがあります。

成層圏（約12km～50km）
上空にいくほど気温が高くなります。成層圏にあるオゾンが、太陽からくる紫外線を吸収するためです。成層圏では対流は起こりません。成層圏の中でもオゾンを多くふくむところをオゾン層といいます。ジェット機は、対流圏と成層圏のさかい目付近を飛びます。高層の気圧や気温などを測るラジオゾンデという観測器は、対流圏から成層圏まで持ち上げられて観測を行います。

対流圏（0km～約12km）
100m高くなるごとに、平均して0.65℃ずつ気温が下がります。12kmは平均的な対流圏の高さで、季節や地域によって8～17kmとことなります。空気が上昇したり下降したりして対流しています。わたしたちがふだん目にする雲は、どんなに高いものでも対流圏のいちばん上の高さまでです。

大気の役割

地球の大気は生き物が呼吸するために必要です。それ以外にも、生物にとっていくつか重要な役割があります。ひとつは、太陽からくる生物に有害な紫外線は、成層圏のオゾン層で吸収されて地表までとどきません。もうひとつは、大気があることで温室効果がはたらいて地表付近があたたかくなっています。さらに、宇宙から落ちてくる小さな物体は大気中でもえつきてしまいますが、大気がなければ小さなものも地表にとどいて衝突してしまいます。

▶落下物体が大気中で高温になって、明るく見える「火球」。

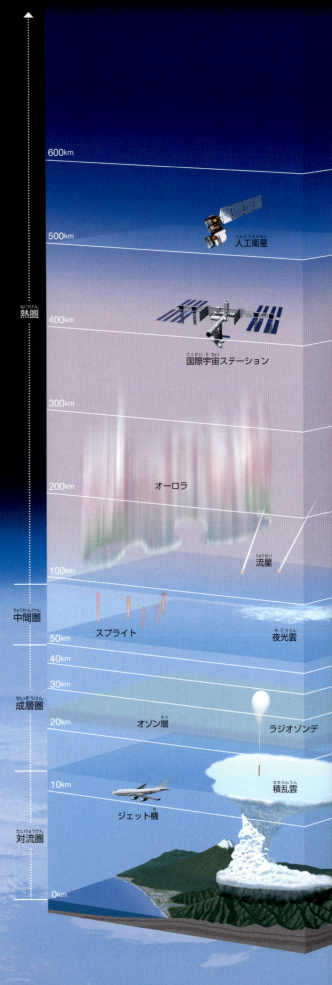

メモ　「ここからが宇宙」という境界線はありません。ただし、宇宙開発の分野では高度100km以上を宇宙とよぶことが多いです。

オゾン層

酸素原子が集まってつくる分子にはいくつか種類があり、大気にふくまれる酸素は、酸素原子がふたつ結合したものですが、「オゾン」は酸素原子が3つ結合したものです。オゾンは上空で、有害な紫外線を吸収しますが、1980年ごろから南極上空でのオゾンの量がとても少なくなる現象（オゾンホール）が観測されるようになりました。

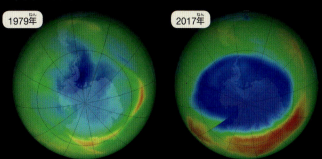

▲南極上空のオゾンホールは、南極の春（9〜10月）に大きくなります。青〜紫色はオゾンが少ないところです。1979年に観測されたオゾンホールは、1990年代なかばごろまで急に大きくなりました。そのあとはあまり大きくなっていませんが、現在でも南極大陸をおおうほどの大きさがあります。

Q 山の上はなぜ寒いの？

対流圏では、高度が上がれば上がるほど温度が下がります。太陽の光であたたまった地面がその上の空気をあたためると、あたたまった空気は上昇して気圧が下がり、冷えていきます。空気は、気圧が下がると温度も下がる性質があるためです。つまり、山の上のように高いところへ行くと、気圧が低いので空気も冷たく、寒く感じます。

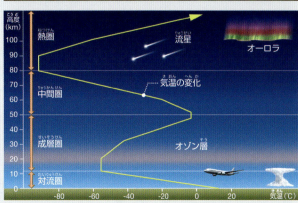

▲対流圏では高度が上がるほど温度が下がりますが、成層圏では逆に高くなるほど温度が上がっていきます。さらにその上の中間圏では高いほど温度が下がり、熱圏ではまた高いほど温度が上がります。

▼宇宙から見た大気の層

上空400kmの高さで地球を回っている国際宇宙ステーションから見た地球です。地球のふちのところにぼんやりと大気の層がうつし出されています。

大気の成分

大気は、いろいろな気体がまざりあったものですが、主な成分はちっ素と酸素です。ちっ素が大気全体の約78％、酸素が約21％、二酸化炭素が0.04％。中間圏まで、この比率はほとんど同じです。このほかに、大気中には水蒸気が0〜2％ほどふくまれています。

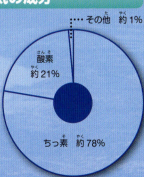

その他 約1％
酸素 約21％
ちっ素 約78％

 メモ　エアコンなどで利用されていたフロンなどの化学物質は、オゾン減少の原因と考えられており、使用が規制されています。

地球を出入りするエネルギーはつり合っている

大気と太陽エネルギー

風▶▶▶ 大気と気圧のしくみ

地球を取りまく大気は、太陽のエネルギーをもとにして地表近くをあたたかい状態に保っています。地球の表面が海におおわれているのも、そのおかげです。太陽からやってくるエネルギーと、地球から出ていくエネルギーはつり合っているので、気温は一定の範囲におさまっています。

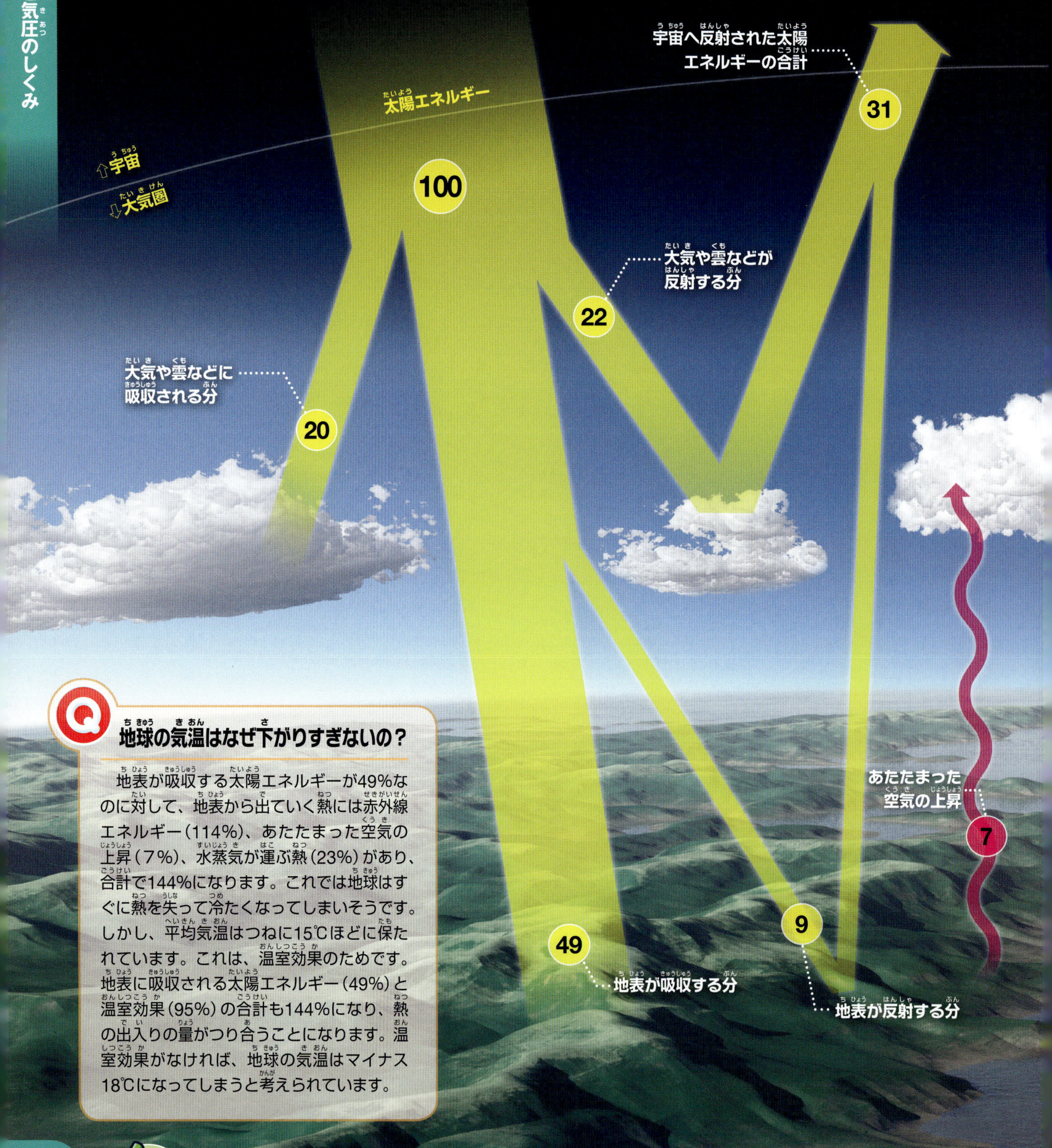

太陽エネルギー

宇宙へ反射された太陽
エネルギーの合計

31

100

↑宇宙
↓大気圏

大気や雲などが
反射する分

22

大気や雲などに
吸収される分

20

あたたまった
空気の上昇

7

49

地表が吸収する分

9

地表が反射する分

Q 地球の気温はなぜ下がりすぎないの？

地表が吸収する太陽エネルギーが49%なのに対して、地表から出ていく熱には赤外線エネルギー（114%）、あたたまった空気の上昇（7%）、水蒸気が運ぶ熱（23%）があり、合計で144%になります。これでは地球はすぐに熱を失って冷たくなってしまいそうです。しかし、平均気温はつねに15℃ほどに保たれています。これは、温室効果のためです。地表に吸収される太陽エネルギー（49%）と温室効果（95%）の合計も144%になり、熱の出入りの量がつり合うことになります。温室効果がなければ、地球の気温はマイナス18℃になってしまうと考えられています。

📝 メモ 地球の表面から出た赤外線を、大気中で吸収する水蒸気や二酸化炭素などの気体を「温室効果ガス」といいます。

バランスがとれた熱の出入り

このページの図は、太陽からやってくるエネルギー全体を100%としたときに、そのエネルギーが地表面や大気でどのように出入りするかをあらわしたものです。太陽エネルギーの31%は雲や地表に反射されて、宇宙空間へもどっていきます。一方、地球から放出される赤外線エネルギーの69%が地球の外へと出ていきます。合計100%のエネルギーが宇宙に出ていくので、地球に入ってくる太陽エネルギーとつり合っていることがわかります。

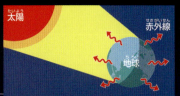

◀ 太陽からは、つねに地球表面の半分の部分にエネルギーがふりそそぐ一方、地球の表面からは昼も夜も赤外線エネルギーが出ています。これらのエネルギーの出入りが最終的につり合うことになります。

温室効果

地表面から出たエネルギーが大気に吸収されると、大気はふたたびエネルギーを放出します。そのとき、大気から地表にもどるエネルギーによって地表の近くがあたためられます。これを「温室効果」といい、赤外線を吸収する水蒸気や二酸化炭素などの気体を「温室効果ガス」とよびます。温室効果の約6割以上が水蒸気によるものです。

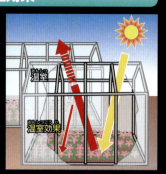

▲ 温室のガラスは太陽の光を通しますが、出る赤外線の一部をさえぎるので、温室内の気温が上がります。

宇宙へ放射された赤外線エネルギーの合計 ⋯⋯ 69
地表面から直接放出されたエネルギー（12%）と、大気や雲から放出されたエネルギー（57%）の合計です。

57

12

102
赤外線エネルギーを大気や雲が吸収します。

23
水蒸気が運ぶ熱
水は蒸発して水蒸気になるとき、まわりの大気から熱を吸収します。その水蒸気が上空で雲になると、今度は熱を放出します。この熱を「せん熱（潜熱）」といいます。

114
地表から出る熱 ⋯⋯
地球は太陽から受け取ったエネルギーを赤外線エネルギーとして放出しています。目には見えませんが、地表からつねに出ています。

95
大気から地表へもどる熱 ⋯⋯
地表から放出されたエネルギーが大気に吸収されて、ふたたび地表面にもどされます。このようなはたらきを「温室効果」とよびます。

📝 **メモ** 温室効果ガスがないと地球の平均気温はおよそマイナス18℃になりますが、温室効果のため平均しておよそ15℃になっています。

大気の動き

地球の温度をおだやかに保つ大気の大循環

太陽からのエネルギーを原動力として、地球の大気は大規模な風となって循環しています。そのような大規模な風の循環は、太陽エネルギーをたくさん受け取る熱帯地方と、太陽エネルギーをあまり受け取らない極地方との温度の差を小さくするはたらきもしています。

大気の大循環

大気は南北方向に大きく循環して、低緯度の地域と高緯度の地域との温度の差を小さくしています。赤道付近から緯度30度くらいまでの大気の循環は「ハドレー循環」、緯度60度くらいから90度（極）までの大気の循環は「極循環」とよばれます。それらの間にあたる緯度30～60度くらいのところでは、偏西風が南北にうねって流れることと高気圧・低気圧によって、南北の温度の差を小さくしています。これを間接循環（フェレル循環）といいます。

極循環
北極や南極などの極付近では冷たい空気が下におりてきます。下降した空気は地表付近を、緯度の低い方へと流れていきます。その空気は緯度60度くらいのところで上昇し、上空を極の方へ向かって流れます。

ハドレー循環
赤道付近であたためられた空気は上昇し、上空で緯度の高い方へ流れていきます。緯度30度くらいのところで、冷えて重くなった空気は下におりていき、地表の近くを赤道の方へ向かって流れます。

貿易風帯
北半球と南半球ではそれぞれ、地表の近くを中緯度から赤道の方へ向かってふく風が、地球が自転している影響を受けて、東風（西へ向かう風）になってふいています。この東風を「貿易風」とよびます。

極偏東風
北緯60度
偏西風
北緯30度
北東貿易風
赤道
南東貿易風
南緯30度
偏西風

風▼大気と気圧のしくみ

メモ　自転の影響で風を曲げる見かけの力を「コリオリの力」といいます。

84

極偏東風帯
北半球と南半球ではそれぞれ、地表近くを極から中緯度に向かってふく風が、地球が自転している影響を受けて方向が曲がり、東風（西へ向かう風）になってふいています。

偏西風帯
北半球と南半球の中緯度付近ではそれぞれ、地球が自転している影響を受けて、高い空の空気が西から東に向かって流れ、地球を1周する風となってふいています。この西風を「偏西風」とよびます。また、偏西風がとくに強いところを「ジェット気流」とよびます。

赤道無風帯
風がないわけではなく、南北からふきこむ貿易風がぶつかりあって上昇気流が起こり、大きな雲が発生しています。位置は、季節や海域によって一定ではありませんが、平均して赤道より北側に位置します。

風は地表の温度差を小さくする

赤道付近では太陽の光を真上から受けますが、緯度の高いところでは太陽の光をななめから、極ではほぼ真横から受けることになります。そのため太陽から受けるエネルギーは、緯度によって大きくちがい、赤道付近がもっとも多くなります。一方で、地球から出ていくエネルギーは、どこも大きな差はありません（→83ページ）。大気が地球規模で大きく動いて、低緯度のところと高緯度のところの温度差を小さくしています。

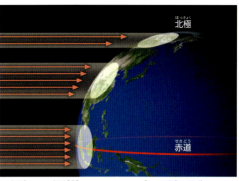

▲地球では、太陽光のエネルギーを受ける量が緯度によってことなっています。

日本の天気は西から変わる

地球が自転をしている影響で、北半球では右向きに、南半球では左向きに動くものには見かけの力がはたらきます。そのため貿易風帯では、南北方向に循環する風が曲げられて西へ向かう風になります。偏西風帯では、高緯度に向かう風が大きく曲げられて、東向きに地球を回ってしまうような風（偏西風）になります。このため、偏西風帯に位置する日本列島では、天気は西から東へと変わっていきます。

▲この高い雲は、偏西風の流れの向きにのびています。

ジェット気流を利用しているジェット機

偏西風帯の中で、対流圏と成層圏のさかい目あたりには、「ジェット気流」というとても速い風がふいています。ジェット気流は秒速100mをこえることもあります。日本とアメリカを結ぶ航空便では、アメリカから日本へ来るときよりも、日本からアメリカに行くときの方が、飛行時間は1時間ほど短くてすみます。アメリカに向かうときには、ジェット気流という追い風に乗っていくことで飛行時間を短くできるためです。

▲偏西風帯では上空約9kmでふく寒帯前線ジェット気流と、上空約12kmでふく亜熱帯ジェット気流があります。

 北半球では低気圧にふきこむ風は、コリオリの力により右に曲げられながら中心に向かうので、上空から見て反時計回りのうずになります。

さまざまな風

地形や季節が生み出す大気の動き

風▶▶大気と気圧のしくみ

地表付近の身近な風は、「気圧」の高いところから低いところに向かってふきます。地表付近の空気は地面からあたためられたり冷やされたりして、気圧の低いところや高いところができます。地表付近ではその気圧の差によって風がふきます。気圧とは、どのようなものでしょう。また、身近な風にはどのようなものがあるのでしょう。

▶野分
秋の台風は、古くは「野分」とよばれていました。強い風が木々をはげしくゆらしています。

空気の重さを示す「気圧」

空気は、ちっ素や酸素などの分子の集まりなので、分子がたくさん集まれば空気も重くなります。地球上のすべてのものは、こうした空気におされていて、そのようなおす力を「気圧（大気圧）」といいます。

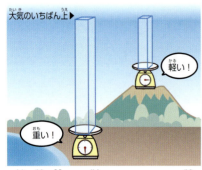

▲高い山の上では、低いところとくらべて山の高さの分だけ空気の量が少なくなり、その分だけ気圧は低くなります。

▲気圧が低い山の上では、おかしのふくろの中も気圧が低くなろうとしてふくらみます。外からふくろをおす力が弱くなり、ふくろの中の空気がふくらむのです。

風がふくしくみ

空気は、あたためられるとふくらんで、体積がふえた分だけ密度が低くなり、まわりの空気よりも軽くなって上昇します。一方、冷えるとちぢんで密度が高くなり、重くなって下降します。地表付近では、上昇気流の下に、冷たい空気が流れこむことになります。空気には、空気の量が多い場所から量が少ない場所へ流れて同じ気圧になろうとする性質があるためです。つまり、空気の密度が高い場所（高気圧）から、密度が低い場所（低気圧）に風が流れます。

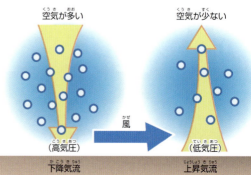

◀対流の上昇気流がある場所の地表では気圧が下がり、下降気流がある場所の地表では高気圧になります。気圧の差がなくなると風はやみます。

 メモ　地表から大気のいちばん上まですべての空気を足し合わせると、重さは1cm²あたり約1kgになります。

季節風（モンスーン）

ある季節になるとよくふく風のことを「季節風」といいます。日本付近では、夏はしめった南東風が梅雨や猛暑の原因となり、冬は冷たい北西風が日本海に大雪をもたらします。

大陸は海よりもあたたまりやすく、冷めやすい性質をもっていて、海は大陸よりもあたたまりにくく、冷めにくい性質をもっています。そのせいで起こる大陸と海の気圧の差が、季節風の原因になります。

海風と陸風

海沿いの地域では、昼と夜で反対方向の風がふきます。海上の空気と陸上の空気に温度差があるとき、昼間は海から陸へ「海風」が、夜は陸から海へ「陸風」がふくことがあります。

▲夏は強い日差しのために、海よりも大陸の方があたたかくなります。大陸では上昇気流が起きて気圧が下がり、風がふきこみます。

▲冬は、大陸よりも海の方が冷めにくく、上昇気流が起きて気圧が下がり、大陸から風がふき出します。

▲海よりも陸地の方があたたまりやすいので、太陽の光であたためられた地面の上の空気が上昇すると、陸地の気圧が低くなります。そのため海から陸地へ向かって風がふきます。

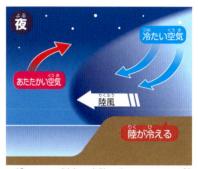
▲夜になると陸地は気温が下がりますが、海は冷めにくいので陸地よりはあたたかい状態になります。そのため昼とは逆に陸地から海の方へ風がふきます。

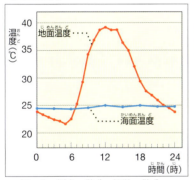
▲夏の日の陸地の温度と海面の温度をグラフにすると、日中に陸地の温度が上がるのに対して、海面の温度は1日を通して変わりにくいことがわかります。

谷風と山風

山間部でも、昼と夜で反対方向の風がふきます。夜は山から谷間にふき下ろしてくる「山風」が、昼間は谷間から山へふき上がる「谷風」がふくことがあります。

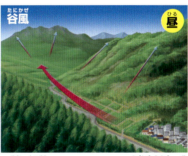
▲山の斜面があたためられると上昇気流が起こって気圧が下がり、谷間から山の斜面にそって風がふき上がります。

▲夜に山の斜面が冷えると、空気が重くなって山の斜面をふき下ろします。

局地風

関東地方で冬にふく冷たい乾燥した風を「赤城おろし（からっ風）」といいますが、このように地形の影響で局地的にふく強い風のことを「局地風」といいます。局地風のうち、山からふきおりてくる強い風を「おろし」、峡谷の開口部で平野や海上に向かってふき出す風を「だし」といいます。おろしは、大気が不安定なときは、上空の寒気を引き下ろして強風になります。

▶地域ごとの主な局地風。多くが山から海岸平野に向かってふきます。

フェーン現象

山のふもとに、あたたかくかわいた風がふくことを「フェーン現象」といい、猛暑（→112ページ）や強風の原因になることがあります。

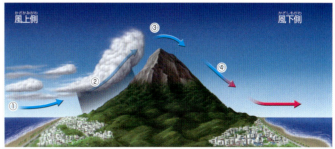

▲①しめった空気が山の斜面にふきよせます。②山の斜面で空気が上昇し、気温が下がって雲ができます。このとき水蒸気はせん熱を出して、まわりの空気を加熱します。空気は100m上昇するごとに1℃温度が下がりますが、雲をつくるときはせん熱の加熱のせいで0.5℃ぐらいしか下がらなくなります。③空気中の水蒸気は大部分が雨になって落ちてしまうため、山をこえた空気はかわいています。④山の斜面を下りていくときには、100mごとに1℃ずつ温度が上がっていき、あたたかくかわいた風になります。

 夏は強い日差しのために、海よりも陸の方があたたかくなります。そのため海から陸に向かって風がふきます。

空気の上昇と下降の流れ
低気圧と高気圧

まわりよりも気圧の低いところを低気圧、まわりよりも気圧の高いところを高気圧といいます。低気圧では上昇気流によって雲ができやすくなります。高気圧では下降気流があるので雲はできにくく、晴れることが多くなります。低気圧と高気圧は、天気図を見るときの基本です。

▼日本周辺の高気圧と低気圧
地表付近では、高気圧からは時計回りに風がふき出します。一方で低気圧では、反時計回りにうずをまくように風がふきこみます。

高気圧

上空の偏西風
偏西風が波打ったところに低気圧や高気圧ができやすいです。

下降気流
空気が地面の方に下りていきます。

高気圧の天気
下降気流があるところでは雲ができにくいので、晴れの天気が多くなります。

ふき出す風
下降気流が地面にあたるとまわりにふき出していきます。地球の自転の影響によって、風は時計回りにふき出します。

地上付近の風
高気圧からふき出した風は、低気圧の方へふいていきます。

高気圧と気団

大きな高気圧によって、温度や湿度が同じような性質をもつようになった空気の大きなかたまりのことを、「気団」といいます。気団はとても広い大陸や海の上ででき、温度と湿度によって分類されています。気団のいきおいが季節によってかわり、性質のちがう空気が日本付近にやってくることで、日本付近の四季の天候が特ちょう的なものとなります。

名前	性質	特徴
オホーツク海気団	冷たくてしめった気団	梅雨前線（停滞前線）をつくる
シベリア気団	冷たくてかわいた気団	冬の季節風や大雪をもたらす
小笠原気団	あたたかくてしめった気団	夏にむし暑い晴天をもたらす
長江（揚子江）気団	あたたかくてかわいた気団	春や秋に晴天をもたらす
赤道気団	あたたかくてしめった気団	台風をもたらす

メモ　梅雨前線はオホーツク海気団と小笠原気団の間にできます。オホーツク海気団のいきおいが強いと「梅雨寒」とよばれます。

低気圧の種類

熱帯低気圧

熱帯の海洋上で、大気が海からあたためられるとともに、水蒸気を多量にあたえられて、活発な積乱雲の集団が発生することで熱帯低気圧ができます。とくに、北太平洋の西側半分で発生し発達したものを「台風」とよびます。

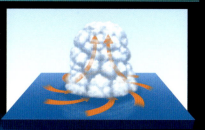

温帯低気圧

高緯度側の冷たい空気（寒気）と低緯度側のあたたかい空気（暖気）がぶつかるところにできる低気圧で、寒気の先端には寒冷前線が、暖気の先端には温暖前線が、低気圧の周辺に形成されます。

日本付近にやってくる低気圧は、温帯でできる低気圧（温帯低気圧）と、熱帯の海でできる低気圧（熱帯低気圧）があります。

低気圧

上昇気流
低気圧にふきこんできた風は上昇して雲をつくり、上空でまわりにふき出します。

低気圧の天気
あたたかくしめった空気が集まると雲ができやすく、くもりや雨の天気が多くなります。

ふきこむ風
低気圧にはまわりから風がふきこんできます。地球の自転の影響などによって、風は反時計回りにふきこみます。

天気図の等圧線

図の曲線は、気圧が同じところを結んだ「等圧線」といいます。地図の等高線（同じ高さを結んだ線）で間かくのせまいところは急に高さがかわるところですが、天気図の等圧線では急に気圧が変わるところです。等圧線を引くことで、高気圧や低気圧の強さがわかります。

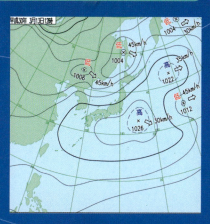

▲気象庁の天気図の例（2017年3月13日）。気圧の単位は「hPa（ヘクトパスカル）」といい、この天気図では4hPaごとに線が描かれています。

Q 「大気が不安定」ってどういう意味？

周囲の空気よりあたたかい空気のかたまりは軽いのでうき上がるように上昇します。水蒸気をふくむ空気のかたまりが上昇すると、雲ができてせん熱（→83ページ）による加熱で温度が下がりにくくなり、容易に周囲の空気よりあたたかくなります。このため多量の水蒸気が大気の下層にあるときは、下層の空気はすぐに上昇気流となり雲をつくります。これを「大気が不安定」といいます。このとき、はげしい積乱雲ができて大雨がふります。

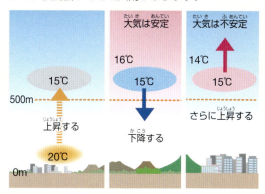

▲空気があたたかいか冷たいかは、上昇したときの空気とそのまわりの空気の温度をくらべる必要があります。地表近くの温度が20℃の場合、空気の温度は100m上がるごとに1℃ずつ下がるので、500m上空に上昇した空気は15℃になります。上昇した空気のまわりが15℃より高ければ、下降気流ができて大気は安定します。しかし、15℃より低ければ、上昇気流が起きて大気は不安定な状態ということになります。

メモ　台風は熱帯低気圧が発達したものです。温帯低気圧の場合は、どれだけ風が強くなっても台風とはいいません。

空気のかたまりがぶつかる場所
前線

風▼▼▼大気と気圧のしくみ

あたたかい空気と冷たい空気がぶつかったとき、その境界が地面と接するところを「前線」といいます。前線では、あたたかくて軽い空気が、冷たくて重い空気の上に乗り上げます。このような場所では上昇気流が起きて雲ができやすくなっています。

前線ができるしくみ

水そうを板で仕切り、一方に青く色づけた冷たい水、もう一方にあたたかい無色の水を入れておきます。仕切りの板を取ると、水はまざり合わずに境界ができ、冷たい水があたたかい水の下にもぐりこむように進んでいきます。これは冷たい水の方があたたかい水よりも重いために起こることです。空気も同じで、重くて冷たい空気が下にもぐりこみ、軽くてあたたかい空気は上に上がっていきます。この実験でできたあたたかい水と冷たい水の境界が、気象では前線になります。

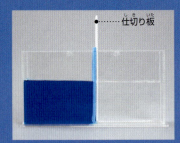

▼温帯低気圧にともなう温暖前線と寒冷前線

温暖前線が通過すると、北～東風が南風に変わって気温が上昇するなどの変化が起きます。また、寒冷前線が通過すると、南風が北～西風に急変して気温が下がり、前線が通過するときには雨がふります。

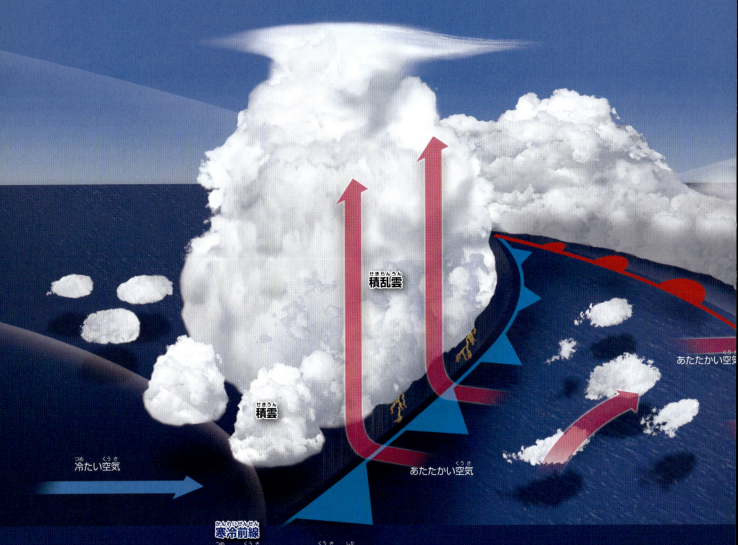

積乱雲

積雲

冷たい空気

あたたかい空気

あたたかい空気

寒冷前線
冷たい空気があたたかい空気の下にもぐりこんで、あたたかい空気をおし上げながら進む前線です。せまい範囲で強風や大雨をもたらします。

📝メモ　日本付近で6～7月に見られる梅雨前線と、9～10月に見られる秋雨前線は、どちらも停滞前線です。

前線の種類

あたたかい空気のかたまりと冷たい空気のかたまりのぶつかり方によって、前線は次の4種類に分けられています。

温暖前線

あたたかい空気の方がいきおいが強いと、冷たい空気の上にゆるやかに乗り上げながらおし進んでいきます。あたたかい空気はゆっくりと上がっていき、広い範囲で雲が広がります。前線は冷たい空気の方へ動いていきます。

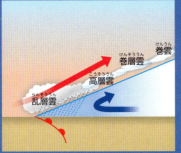

停滞前線

あたたかい空気と冷たい空気のいきおいが同じくらいのときにできます。あたたかい空気が冷たい空気の上に乗り上げて雲ができます。あまり動かず、長い間、同じ場所にあるので、ぐずついた天気が続きます。梅雨前線や秋雨前線は、停滞前線です。

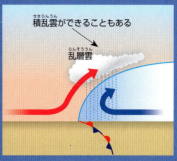

寒冷前線

冷たい空気の方がいきおいが強いと、あたたかい空気の下にもぐりこみながら進んでいきます。あたたかい空気が急におし上げられるので、前線の近くで積雲や積乱雲ができやすくなります。前線はあたたかい空気の方へ動いていきます。

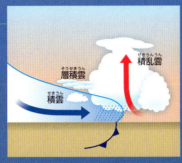

閉塞前線

温暖前線よりも寒冷前線の方がはやく動きます。温暖前線に寒冷前線が追いつくと閉塞前線になります。地表付近では冷たい空気どうしがぶつかり、その上であたたかい空気が上昇して雲ができます。

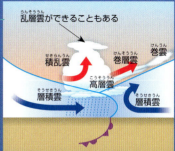

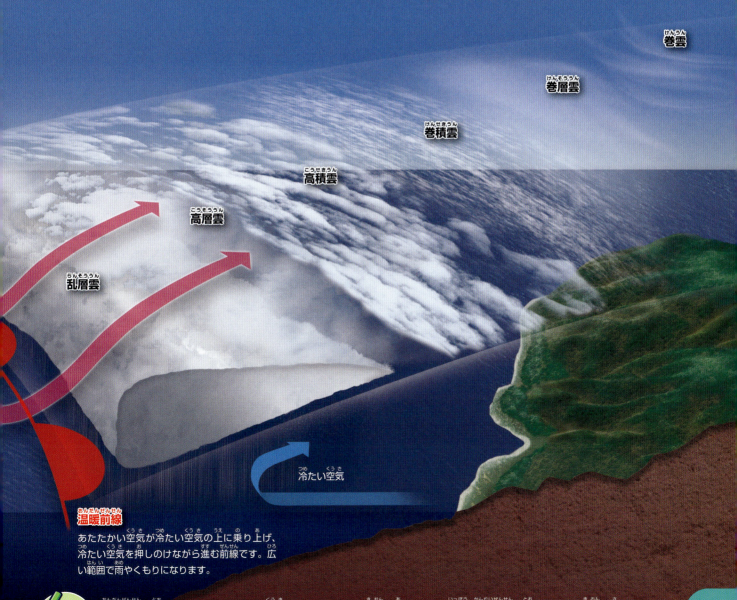

温暖前線
あたたかい空気が冷たい空気の上に乗り上げ、冷たい空気を押しのけながら進む前線です。広い範囲で雨やくもりになります。

メモ 温暖前線が通りすぎると、あたたかい空気がやってくるので気温が上がります。一方、寒冷前線が通りすぎると気温は下がります。

強くなった熱帯低気圧
台風① しくみ

台風は熱帯の海で発生した熱帯低気圧が発達したもので、夏から秋にかけて日本付近にときどきやってきます。積乱雲がうずのようにならび、はげしい雨をともないます。また、中心では気圧がとても低くなるため、周囲から非常に強い風がふきこんできます。まずは、台風ができるしくみを見てみましょう。

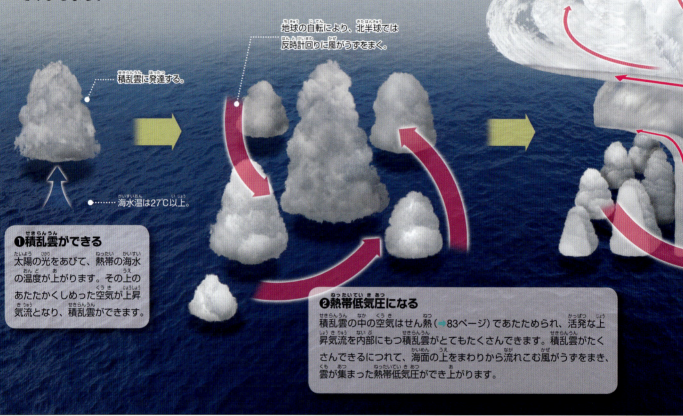

・積乱雲に発達する。
・地球の自転により、北半球では反時計回りに風がうずをまく。
・海水温は27℃以上。

❶積乱雲ができる
太陽の光をあびて、熱帯の海水の温度が上がります。その上のあたたかくしめった空気が上昇気流となり、積乱雲ができます。

❷熱帯低気圧になる
積乱雲の中の空気はせん熱（→83ページ）であたためられ、活発な上昇気流を内部にもつ積乱雲がとてもたくさんできます。積乱雲がたくさんできるにつれて、海面の上をまわりから流れこむ風がうずをまき、雲が集まった熱帯低気圧ができ上がります。

台風の目

台風の中心部には「目」とよばれる、風が弱く、高い雲の少ないところができます。下降気流があるためと、回転のいきおいが強いので外側にひっぱる力（遠心力）がはたらくためです。目の直径は数十～100kmになり、台風のいきおいが強くなったときに、はっきりと見えるようになります。

▶NASAの人工衛星から撮影された台風。うずまく雲の中心に、台風の目が見えます。

・台風の目

台風の大きさと強さ

日本の気象庁では、最大風速によって強さを分類しています。また、強風域（秒速15m以上の風がふいている範囲の大きさ）によって大きさを分類しています。
▼超大型の台風は、本州のほとんどが入るぐらいの大きさがあります。

■ 台風の大きさ

強風域の半径	台風の大きさ
500km以上～800km未満	大型（大きい）
800km以上	超大型（非常に大きい）

■ 台風の強さ

最大風速（秒速）	台風の強さ
33～44m	強い台風
44～54m	非常に強い台風
54m以上	もうれつな台風

メモ　台風がすぎたあとに天気がよくなることを「台風一過」といい、転じて、さわぎがおさまり心が晴れ晴れとしたときにも使われます。

❸ 台風ができる

熱帯低気圧のうずのいきおいがますと、中心の空気が少なくなって気圧が下がります。海上では、あたたかくしめった空気が中心に向かってどんどん流れこんできて、風が強くなると台風になります。

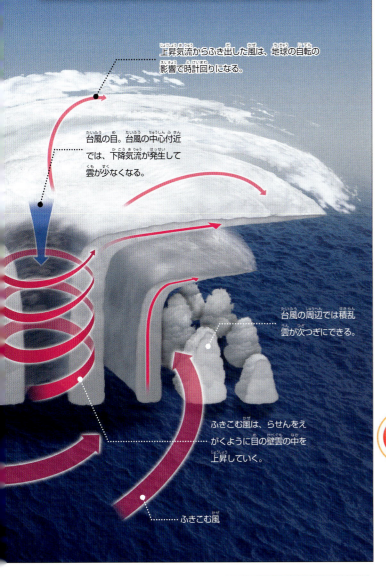

- 上昇気流からふき出した風は、地球の自転の影響で時計回りになる。
- 台風の目。台風の中心付近では、下降気流が発生して雲が少なくなる。
- 台風の周辺では積乱雲が次つぎにできる。
- ふきこむ風は、らせんをえがくように目の壁雲の中を上昇していく。
- ふきこむ風

風が強い場所

台風は、中心から30〜100kmくらいのところがもっとも風が強くなりますが、なかでも台風の進行方向右側の方が風が強くなります。台風はまわりの風に流されて動いていきます。台風は反時計回りにうずをまいているので、台風の進行方向右側では、台風自体の風に、台風が動く風が加わって、風がより強くなります。

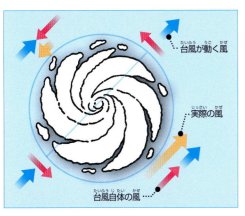

◀台風の右側（東側）では、台風自体の風と台風が動く風とが合わさって、強い風がふきます。左側（西側）ではその向きが反対になるので、右側にくらべて実際の風は弱くなっています。

熱帯低気圧の種類

熱帯低気圧の分類

熱帯低気圧の強さは、最大風速で分類されています。日本では最大風速が秒速17.2m以上の熱帯低気圧を「台風」とよびます。

最大風速（秒速）	日本でのよび方	国際的なよび方（英語）
17.1m以下	熱帯低気圧	トロピカル・ディプレション
17.2〜24.4m	台風	トロピカル・ストーム
24.5〜32.6m		シビア・トロピカル・ストーム
32.7m以上		タイフーン、ハリケーン、サイクロン

地域ごとのよび名

熱帯低気圧は発生した場所によって、タイフーン（台風）、ハリケーン、サイクロンのように、ちがうよび方になります。

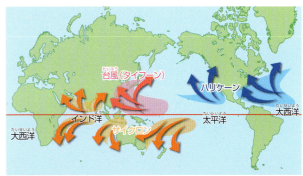

▲北半球の太平洋西部で発生したものは台風（タイフーン）、北半球の大西洋や太平洋東部で発生したものはハリケーン、南半球の太平洋やインド洋で発生したものはサイクロンとよばれます。

Q 台風がすぎると天気がよくなるのはなぜ？

日本に近づく台風の多くは、南西から北東の方向へ進みます。台風のまわりでは反時計回りに風がふくので、台風が通りすぎたあとは、北〜北西から風がふくことになります。すると大陸のかわいた空気が、その風に引きこまれるようにしてやってきます。台風がすぎたあとに乾燥して天気がよくなることが多いのは、そのせいです。ただし、台風が北の方向へ進むと晴れないこともあります。

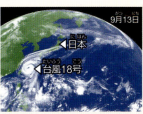

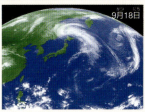

▶2017年9月の台風18号。日本列島に上陸すると、暴風をともなって日本を北上して各地で大雨になりました。しかし、18日には温帯低気圧に変わり、日本列島は高気圧におおわれて、晴れになりました。

📝 メモ　北半球では低気圧は地球の自転の影響で反時計回りにうずをまきますが、南半球では逆に時計回りにうずをまきます。

風 ▶ 大気と気圧のしくみ

どんな災害をもたらすの？
台風② 被害

台風のはげしい雨や風によって、川のはんらんや土砂災害、農作物への被害など、さまざまなところで大きな被害が出ることがあります。そのような被害をできるだけ小さくするには、台風の進路などの予報をもとに、台風が来る前にしっかりそなえておくことが大事です。

▲伊勢湾台風の被害の様子
1959年9月26日、和歌山県潮岬の西に上陸した伊勢湾台風は、死者・行方不明者あわせて5000人をこえるなど、台風としては明治時代以降で最大の被害をもたらしました。伊勢湾沿岸での被害が大きく、名古屋港で3m89cmも海面が高くなる観測史上最大の高潮が発生しました。

◀スーパー台風級だった！
名古屋大学宇宙地球環境研究所のチームがコンピュータで再現した伊勢湾台風。当時は気象衛星やレーダー観測技術がまだありませんでしたが、この再現によって当時の台風が現在のスーパー台風に匹敵する規模だったことがわかりました。

台風による被害

強風、大雨、高潮などのさまざまな被害が起きます。できるだけ外出はひかえ、川や海岸には近づかないようにしましょう。

▶高潮
海面が異常に高くなることです。湾の奥などでは海面が上がりやすい地形になっており、満潮に重なると被害が起きやすくなります。

▶台風の中心気圧が低い場所では海面がすい上げられます。また、強風で海水が岸にふきよせられます。

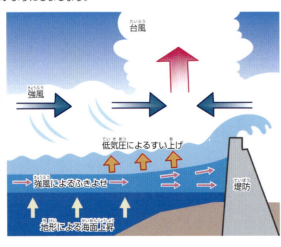

▲強風
強い風の影響で建物がこわれたり、農作物に被害が出たりします。飛んできた物にあたって人がけがをしたり、電線が切れて停電が起きることもあります。

▲大雨
大雨によって川のはんらんや土砂災害などが発生することがあります。とくに前線が停滞する時期に重なると、大雨がふることがあります。

 「スーパー台風」とは、アメリカの合同台風警報センターが定める、風速毎秒67m以上の最強クラスの台風です。

台風の接近を知らせる雲

台風が日本に近づくと、台風からふき出してきた風のせいで空の高いところにすじ雲（巻雲）ができ、偏西風のせいでできたすじ雲と交差することがあります。

◀たて方向の南北にのびる雲が台風の接近によるもので、下側の東西に横切る雲が偏西風によるものです。たて方向のすじ雲の先に台風があります。

台風の進路

台風は、1年に平均26個ほど発生します。とくに夏の終わりごろから秋にかけての時期に、日本に接近したり上陸したりすることが多くなり、被害をもたらすことがあります。この時期は太平洋高気圧のいきおいが弱くなるため、太平洋高気圧の西側のふちにそうように進みます。

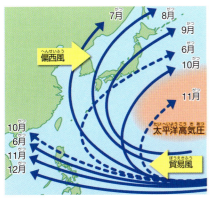

◀熱帯の海上で生まれる台風は、貿易風に流されて西の方へ進みます。太平洋高気圧の西側のふちにそって北上すると、偏西風に流されて北東の方へとまがっていきます。発生する時期によっておおよその進路が決まっています。

Q 台風はふえているの？

台風の発生数は毎年20〜30個ほどで変わりません。しかし、以前にくらべ、とても強い台風が日本付近に接近することが多くなっています。これは地球温暖化などによって海面の水温が高くなっているからだと考えられていて、今後も強い台風はふえていくとみられています。とくに、最大風速が毎秒67m以上の「スーパー台風」が北西太平洋で発生しており、今後、日本にも上陸して豪雨や暴風による被害が起きる危険があります。

◀2013年11月に発生したスーパー台風「ハイエン」は、フィリピンのレイテ島に上陸して、強風による家屋の倒壊や高潮などによる深刻な被害をもたらしました。

▲ハリケーンによる被害

2017年9月、「イルマ」と名づけられたハリケーンが大西洋のカリブ海の島々に高潮や高波などによる大きな被害をもたらしました。イルマは、最大風速が秒速80m以上にもなった超大型のハリケーンで、被害は広範囲におよびました。

台風情報の見方

台風が発生すると、台風の場所や中心気圧、風速などの今の状況や、今後の進路などの予報が3時間ごとに発表されます。台風の進路をぴたりと当てることはできないので、「予報円」という円の範囲のどこかにいくだろうという予測の仕方をします。予報円の大きさが、台風の強さを示すわけではありません。

◀台風が予報円の中を進んだ場合に、暴風域に入る可能性がある場所を暴風警戒域といいます。この図では、12、24、48、72時間後の予報円が示されています。

DVD 台風の直接観測

「ドロップゾンデ」とよばれる装置を飛行機から台風の雲の中に落として、温度、湿度、気圧、風向きや風速を測定しようという観測が、名古屋大学の坪木和久教授らの研究グループによって行われています。こうした観測は、風速など、台風の強度をより正確に測定し、今後の台風の進路を予測するのに役立ちます。2017年10月の調査では、台風21号の目の中を直接観測することにも成功しました。

▲高度約13kmの上空から撮影された台風21号の壁雲の内側のようす、つまりここが台風の目です。民間航空機を利用した直接観測は、日本でははじめてのことでした。
▶観測に利用されたドロップゾンデ。

メモ　予報円がだんだん大きくなっているのは、台風が北上するにしたがって進路を予測することがだんだんむずかしくなるためです。

うずまく危険な突風
竜巻・つむじ風

竜巻は、積乱雲の下にあらわれ、雲の底から地面まで、ろうとの形をしたうずをまく雲がのびています。風速が秒速数十mから100mをこえることもあり、とても危険な現象です。つむじ風もうずをまくという点ではにていますが、積乱雲がなくても発生するもので、竜巻とは別の現象です。

▶アメリカの巨大な竜巻
2010年にアメリカのミネソタ州で撮影された竜巻。日本では海上や沿岸部での竜巻が多いですが、アメリカでは内陸部の平地でよく竜巻が発生します。

風 ▶ 大気と気圧のしくみ

竜巻が起こるしくみ

竜巻は、発達した積乱雲の下に発生します。積乱雲では、雲の下の地表付近から雲の上の方まで強い上昇気流があります。その上昇気流によって、雲の中にうずができることがあります。うずがさらに強くなって、地面までとどいたものが竜巻になります。

▲地表近くで空気のうずができると、そのうずが上昇気流にのって上に上がっていきます。

▲雲の中にうずができて、中心部の気圧が下がると、積乱雲の底にろうと雲（→37ページ）ができます。

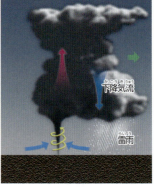

◀ろうと雲が下にのびてきて地面までとどくと、竜巻になります。

 竜巻や突風などのはげしい気象現象を起こす巨大積乱雲は、スーパーセルとよばれます。寿命が長く、小さな低気圧をともないます。

強い風をともなう気象現象

つむじ風

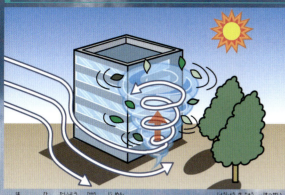

晴れた日に太陽の光で地面があたためられると、上昇気流が発生することがあります。その上昇気流に向かって空気がふきこむとき、建物などにあたって風がまわりこんでうずをまき、つむじ風ができることがあります。積乱雲がなくても発生するので竜巻とは別の現象です。

ダウンバースト

発達した積乱雲の下では、雷雨にともなって冷たい空気が落下するように、強い下降気流（下向きの風）が発生することがあります。これを「ダウンバースト」とよびます。これが地面にぶつかると、周囲に広がる突風を形成します。飛行機が墜落する原因になることもあるため、レーダーを使って監視している空港もあります。

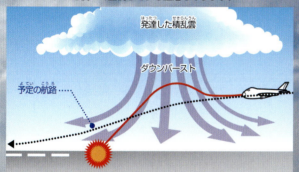

▲ダウンバーストが発生していると、周囲に広がる突風が形成され、着陸しようとする飛行機はまず向かい風を受けてうき上がり、予定の航路を外れてしまいます。その直後、下向きの風と追い風を受けて失速し、墜落事故につながることがあります。

「ミスター・トルネード」とよばれた男

竜巻の強さを階級分けするFスケールは、1971年に当時アメリカ・シカゴ大学の気象学者、藤田哲也博士が考案したものでした。1920年、福岡県で生まれた藤田博士は、もともと機械工学が専門でしたが、第二次世界大戦後に気象学を研究するようになりました。1953年にアメリカにわたって竜巻の研究をするようになり、Fスケールを考案するなど大きな成果を上げ、「ミスター・トルネード」とよばれるようになりました。

竜巻・突風による被害

竜巻が発生すると、数十mから数百mほどの幅で、数kmほどの長さにわたって被害がおよびます。発生した場所によって、建物や農作物などにさまざまな被害が出ます。7月から11月にかけて、とくに9月に多く発生します。多くは10分ほどで消えますが、大きな被害をもたらします。

◀2012年5月6日、栃木県などの4か所で竜巻が発生しました。茨城県つくば市ではとくに被害が大きく、死者や多くの負傷者が出て、家屋がくずれたりする被害がありました。

Fスケール

竜巻はせまい範囲で突然発生するため、風速を実際に測ることはできません。そこで建物などの被害状況から風速を推定するための基準があります。それが「Fスケール（藤田スケール）」です。ただし、Fスケールが考案されたアメリカと日本とでは、何が被害にあったかなどの目安（指標）がことなるため、日本では独自の指標を加えた「日本版改良藤田スケール（JEF）」が調査に用いられています。

階級	風速(m/秒)	おもな被害
JEF0	25〜38	自動販売機が横転する。園芸施設のビニルがはがれる。
JEF1	39〜52	普通自動車が横転する。道路交通標識の支柱がたおれる。
JEF2	53〜66	大型自動車が横転する。鉄筋コンクリートの電柱が折れる。
JEF3	67〜80	木造住宅の上部が変形したり、倒壊する。
JEF4	81〜94	工場や倉庫の屋根が大きくはがれたり、脱落する。
JEF5	95〜	鉄骨系の住宅や倉庫の上部が変形したり、倒壊する。

▲JEFでは自動販売機のほか墓石など30種類の指標が加えられています。

Q 竜巻は予測できるの？

積乱雲や大気の状態を、コンピュータを使って計算したり、レーダーを使って観測したりすることで、竜巻が発生する可能性を推定することができるようになっています。気象庁では竜巻が発生する可能性を「ナウキャスト」（→131ページ）で10分ごとに発表していますが、竜巻は短時間にせまい範囲で発生するため、より正確でよりすばやい予測が期待されています。

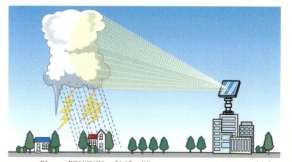

▲2012年から大阪大学で運用が始まったフェーズドアレイ気象レーダーは、わずか10〜30秒で雲の立体的な観測を行うことができ、竜巻や局地的大雨のすばやい予測が可能になっています。

 藤田哲也博士（1920〜1998年）は、「ダウンバースト」をはじめて発見して名前をつけたことでも知られています。

コラム

季節のうつり変わりを知る目安
日本の四季と二十四節気

日本には、春・夏・秋・冬の四季があります。四季ごとにちがった天気の特ちょうがあるので、季節のうつり変わりをあらわす言葉がたくさんあります。季節の変わり目に耳にする「立春」や「冬至」などの言葉を「二十四節気」といい、中国や日本では古くから使われてきました。また、植物の生育や生物の活動も、季節のうつり変わりを知る目安となります。

生物季節観測

気象庁では、サクラが開花した日や、アブラゼミの鳴き声をはじめて聞いた日、ツバメをはじめて見た日など、動植物を観測して、季節の進み具合などを調べています。このような観測を「生物季節観測」といいます。

◀2月から3月にかけて、ウグイスの鳴き声が聞こえ始め、同時期にウメが開花します。

◀九州南部では5月下旬にアジサイが開花して、8月はじめまで日本列島を北上していきます。

◀ホタルは、5月から7月にかけて見られます。ゲンジボタルやヘイケボタルなど、地域によって見られる種類はことなります。

◀イチョウは、11月に東北地方から南の地域に向かって、黄色くなり始めます。

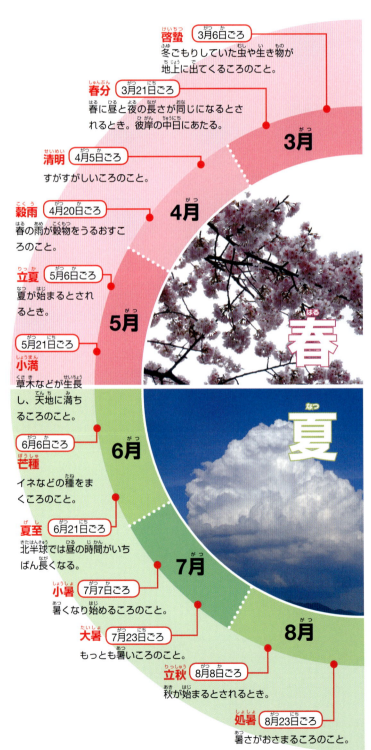

啓蟄　3月6日ごろ
冬ごもりしていた虫や生き物が地上に出てくるころのこと。

春分　3月21日ごろ
春に昼と夜の長さが同じになるとされるとき。彼岸の中日にあたる。

清明　4月5日ごろ
すがすがしいころのこと。

穀雨　4月20日ごろ
春の雨が穀物をうるおすころのこと。

立夏　5月6日ごろ
夏が始まるとされるとき。

小満　5月21日ごろ
草木などが生長し、天地に満ちるころのこと。

芒種　6月6日ごろ
イネなどの種をまくころのこと。

夏至　6月21日ごろ
北半球では昼の時間がいちばん長くなる。

小暑　7月7日ごろ
暑くなり始めるころのこと。

大暑　7月23日ごろ
もっとも暑いころのこと。

立秋　8月8日ごろ
秋が始まるとされるとき。

処暑　8月23日ごろ
暑さがおさまるころのこと。

出典：『新レインボー　小学国語辞典』(学研)

メモ　節分は、今では立春の前日のことですが、もともとは季節の分かれ目のことで、四季それぞれにありました。

二十四節気

二十四節気は1年を24等分して、それぞれの時期の動植物や気候などのようすを言葉であらわしたものです。大むかしの中国で、太陽の動きをもとにつくられました。日本にも古く伝わり、農作業をする人の目安として使われました。また、今とむかしのこよみでは、1～2か月ほどのずれがあります。

◀節気は地球が太陽のまわりを15度の角度で回るごとにめぐってきます。

雑節

こよみのうえでは「立春」といっても、春が始まったと感じるには、まだ寒い日が続きます。そこで、中国でつくられた二十四節気をおぎなうために考え出されたこよみが「雑節」です。日本のこよみに対応していて、季節の訪れを知る目安になります。

主な雑節		意味
彼岸	—	春分・秋分の日を中心とした前後7日間。
土用	—	立春、立夏、立秋、立冬の前18日間。
八十八夜	5月2日ごろ	立春から数えて88日目。
入梅	6月11日ごろ	梅雨の季節に入るころのこと。梅雨入り。
半夏生	7月2日ごろ	夏至から11日目。
二百十日	9月1日ごろ	立春から数えて210日目。
節分	2月3日ごろ	立春の前日。

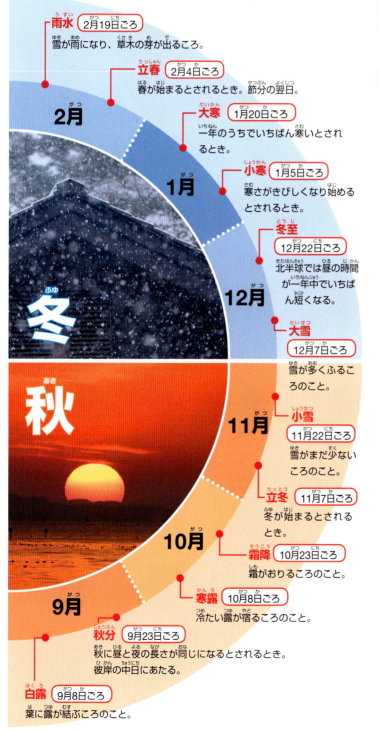

雨水 2月19日ごろ
雪が雨になり、草木の芽が出るころ。

立春 2月4日ごろ
春が始まるとされるとき。節分の翌日。

大寒 1月20日ごろ
一年のうちでいちばん寒いとされるとき。

小寒 1月5日ごろ
寒さがきびしくなり始めるとされるとき。

冬至 12月22日ごろ
北半球では昼の時間が一年中でいちばん短くなる。

大雪 12月7日ごろ
雪が多くふるころのこと。

小雪 11月22日ごろ
雪がまだ少ないころのこと。

立冬 11月7日ごろ
冬が始まるとされるとき。

霜降 10月23日ごろ
霜がおりるころのこと。

寒露 10月8日ごろ
冷たい露が宿るころのこと。

秋分 9月23日ごろ
秋に昼と夜の長さが同じになるとされるとき。彼岸の中日にあたる。

白露 9月8日ごろ
葉に露が結ぶころのこと。

Q 日本には、なぜ四季があるの？

地球は約23.4度、地じくをかたむけたまま、太陽のまわりを公転しています。そのため、太陽の南中高度は1年を通して変化します。地球が夏至の位置にいるとき、北半球では太陽の高さがいちばん高くなり、昼が夜より長くて気温も上がります。逆に、冬至の位置にいるとき、太陽の高さがいちばん低くなり、昼が夜よりも短くて気温も下がります。春分の日と秋分の日の昼夜の長さはほぼ同じになります。さらに、日本は5つの気団（→88ページ）が季節ごとの天候を特ちょうづけているため、季節がはっきり分かれて感じることができます。

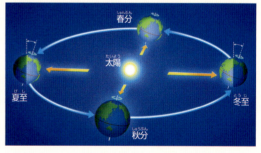

▲太陽のまわりを公転する地球と、季節ごとの太陽の光のあたり方。北半球と南半球では季節が反対です。夏至のとき、北半球は夏ですが、南半球は冬になります。

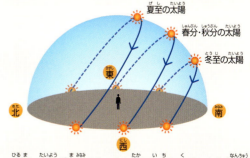

▲昼間、太陽が真南のもっとも高い位置に来ることを「南中」といいます。南中のときの太陽の高さ（南中高度）は夏至の日にもっとも高くなり、冬至の日にもっとも低くなります。

 次の年の二十四節気や雑節、国民の祝日などの日付を記した「暦要項」は、国立天文台から毎年2月に発表されています。

コラム

天気がめまぐるしく変わる
春（3月〜5月）

冬から春に季節が変わるころは、天気が変わりやすい時期です。「春に3日の晴れなし」などともいわれ、何日か晴れた日が続いたかと思うと、その後はぐずついた天気になります。それをくり返しながら春本番になっていき、5月ごろにはよい天気が続くようになっていきます。春先にふく春一番や、3〜5月のメイストームなど、春は強い風がふく時期でもあります。

▼花ぐもり（千葉県）
サクラの花がさくころのうすぐもりの天気を「花ぐもり」とよびます。

春一番

春先に、最初にふく強い南風のことです。冬の間にはり出していたシベリア高気圧のいきおいが弱まると、低気圧が日本海を通りすぎていくようになります。その低気圧に向かって南から強い風がふきこんで春一番になるのです。

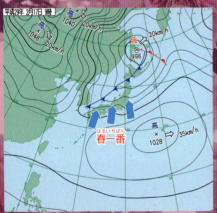

◀2017年2月17日の天気図。北海道の北側にある温帯低気圧から寒冷前線が日本海にのびています。強い南風が日本列島の広範囲でふきぬけました。

サクラ前線

気象庁では、基準となるサクラの木で5〜6輪以上の花が開いた最初の日を「サクラの開花日」として発表しており、サクラの開花日が同じ場所を結んだ線のことを「サクラ前線」といいます。毎年、日本列島を南の方から北上していきます。

▶気象庁による、サクラの開花日の等期日線図（1981〜2010年の平年値）。

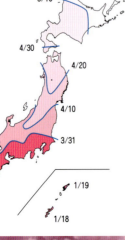

メモ　関東から九州地方にかけて気象庁が春一番を発表するときには、風速や気温などの条件が地域によって少しちがいます。

春がすみ

春は冬よりも気温が上がるため、空気中の水蒸気やちりがふえたり、植物が葉をふやしてたくさんの水分を蒸発させたりするため、空が白っぽくかすんで見えます。このような天気を「春がすみ」とよびます。2〜4月には花粉や黄砂（➡121ページ）が飛び始めて、空がかすむこともあります。

メイストーム

3月から5月にかけては「5月の嵐」の意味で「メイストーム」や「春の嵐」とよばれる嵐が発生して、まるで台風のときのような暴風がふくことがあります。北からの冷たい空気と南からのあたたかい空気がぶつかって、低気圧がものすごいいきおいで発達するために発生します。

▲東京の春がすみ

▲春の嵐をもたらす積乱雲

Q なぜ、春の天気は変わりやすいの？

冬の間はシベリア高気圧のいきおいが強く、西高東低の気圧配置になりますが、春が近づくと高気圧のいきおいが弱まって、移動性高気圧と低気圧が日本の近くを西から東へ交互に通りすぎていくようになります。移動性高気圧が通りすぎるときは晴れてあたたかく、低気圧が移動するときは雨や風が強くなります。

◀2016年4月12日の天気図。本州をおおう移動性高気圧の東と西に低気圧があります。翌日、西〜東日本は雨になりました。天気の変化が早いです。

> **メモ** 3月〜4月ごろに、しとしとと雨がふり続くことがあります。菜の花が咲くころなので「なたね梅雨」とよばれます。

コラム

力強い雲があらわれる
夏（6月〜8月）

夏のはじめの新緑の季節から、本格的な夏へとうつり変わる時期には、北のオホーツク海高気圧と南の太平洋高気圧とがぶつかりあって梅雨前線ができて、雨の日が続きます。太平洋高気圧のいきおいが強くなっていって日本列島をおおうようになると、南の方から梅雨が明けていき、本格的な夏がやってきます。日本列島は広く高気圧におおわれて「南高北低」とよばれる気圧配置になり、晴れて蒸し暑い日が続くようになります。

梅雨

本格的な夏が始まる前に、しばらく雨の日が続く時期が「梅雨」です。北にあるオホーツク海高気圧と、南にある太平洋高気圧がぶつかりあったところに停滞前線ができて、雨がふりやすくなります。この停滞前線を「梅雨前線」といいます。

◀2016年7月4日の天気図。東日本から日本海にかけて停滞前線ができています。南からのあたたかくしめった風がぶつかるところで、はげしい雷雨がありました。

■ 日本各地の梅雨入りと梅雨明け

エリア（都市）	5月	6月	7月
沖縄（那覇）	5/9ごろ		6/23ごろ
奄美（名瀬）	5/11ごろ		6/29ごろ
九州南部（鹿児島）	5/31ごろ		7/14ごろ
九州北部（福岡）		6/5ごろ	7/19ごろ
四国（高松）		6/5ごろ	7/18ごろ
中国（広島）		6/7ごろ	7/21ごろ
近畿（大阪）		6/7ごろ	7/21ごろ
東海（名古屋）		6/8ごろ	7/21ごろ
関東甲信（東京）		6/8ごろ	7/21ごろ
北陸（新潟）		6/12ごろ	7/24ごろ
東北南部（仙台）		6/12ごろ	7/25ごろ
東北北部（青森）		6/14ごろ	7/28ごろ

▲2010年までの過去30年間の平均にもとづく日付です（参照：気象庁ホームページ）。北海道に梅雨はありません。

メモ　北海道や東北の太平洋側、関東地方などで夏に北東からふく風は「やませ」とよばれ、農作物があまりとれなくなる冷害が起こることがあります。

▼夏の積乱雲（福島県）
晴れた夏の日の午後に、短い時間に強くふってすぐに止む雨のことを夕立といいます。夏の強い日差しによって、日中に地面近くの空気があたたかくなり、午後に積乱雲が発達して通過すると、夕立になります。

夏晴れ

梅雨が明けると、日本列島は太平洋高気圧におおわれて晴れる日が多くなります。太平洋高気圧の北側を、低気圧が西から東へ移動していきます。このような夏の気圧配置は「南高北低」といわれます。太平洋高気圧が朝鮮半島のあたりまで広がって、等圧線がクジラの尾のような形になることがあります。そのようになると暑い日が続きます。

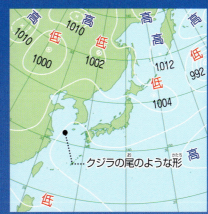

◀2013年8月11日の天気図。日本の南側（太平洋側）に高気圧、北側に低気圧があり、「南高北低」とよばれます。太平洋に広がる高気圧の等圧線が、九州のあたりでクジラの尾のような形になり、日本各地で猛暑日になりました。

ホタル前線

光りながら飛ぶホタルの成虫が、その年ではじめて観察された日を「初見日」といいます。ホタルの初見日の同じ地点を結んだ線が「ホタル前線」です。ホタル前線は5月下旬から7月下旬にかけて、九州地方から東北地方へ日本列島を北上していきます。

▶気象庁による、ホタルの初見日の等期日線図（1981〜2010年の平均）。北海道地方はホタルの初見日の平年値はありません。

📝メモ　ホタルの初見日で観測されるホタルは、ゲンジボタルとヘイケボタルです。

コラム

夜がだんだん長くなる
秋（9月〜11月）

夏から秋にかけて太平洋高気圧のいきおいが弱まると、北の高気圧との間に秋雨前線ができたり、台風が日本列島に接近しやすくなったりします。また秋は、春と同じように移動性高気圧と低気圧が交互に通りすぎていきます。大きな移動性高気圧におおわれると、すんだ空が広がる秋晴れになります。しだいに西高東低の気圧配置になっていき、秋の終わりから冬のはじめにかけて木枯らしがふくようになります。

秋晴れ

秋は、移動性高気圧と低気圧が交互に日本列島を通りすぎていきます。大きな移動性高気圧におおわれると、空気がすんで晴れわたった「秋晴れ」になります。東西方向に長く広がる帯状高気圧がやってきたときには晴れた日が長く続きます。

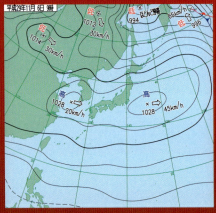

◀2017年11月6日の天気図。日本付近が帯状につらなった移動性高気圧におおわれて、北日本をのぞいて晴れました。一方、全国的に朝は冷えこみ、青森市ではカエデが紅葉しています。

秋の長雨

夏の終わりに近づくと、太平洋高気圧のいきおいが弱まり、北から高気圧がはり出してきます。太平洋高気圧と北の高気圧がぶつかって、秋雨前線とよばれる停滞前線ができて、ぐずついた天気が続くようになります。

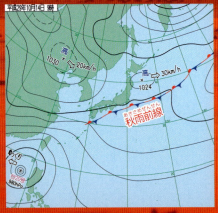

◀2017年10月14日の天気図。日本の南岸に秋雨前線が10日近く停滞しました。南からはあたたかくしめった空気が、北からは冷たい空気が流れてきて、西〜東日本で雨が続きました。

📝 メモ　秋は昼の長さとともに、日没から夜になるまでの薄明（➡63ページ）の時間も短くなります。

▼夕暮れ（千葉県）

秋の空は、夏よりも空気がすみきって、夕日がきれいに見えるようになります。日暮れも早く感じるようになります。

木枯らし

秋の終わりから冬のはじめごろにふく、強い北風を木枯らしといいます。東京や近畿地方では、その季節ではじめて木枯らしがふくと、気象庁から「木枯らし1号」として発表があります。

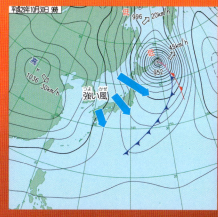

◀2017年10月30日の天気図。木枯らしは、冬型の西高東低の気圧配置になったときにふきます。等高線の間隔がせまい北日本を中心に、とても強い風がふき、近畿と東京では木枯らし1号が発表されました。

紅葉前線（カエデ）

気象庁では基準となるカエデの木の大部分の葉の色が紅葉した日を「紅葉日」として発表しています。同じ紅葉日の場所を結んだ線が「紅葉前線」です。10月中旬から12月中旬にかけて、サクラ前線とは逆に日本列島を北から南下していきます。

▶気象庁による、カエデの紅葉日の等期日線図（1981～2010年の平均）。

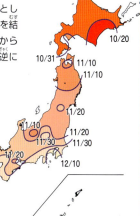

Q 秋の日暮れを早く感じるのはなぜ？

「秋の日はつるべ落とし」ともいわれるように、秋は急に日が暮れるように感じられます。右の表は、2017年の東京における各月の日の入り時間と、前の月の日の入り時間との差をあらわしたものです。秋の日没の時刻は、ほかの時期にくらべて前の月との時間差が大きくなっています。そのため、秋は日暮れを早く感じるのだと考えられています。また、薄明の時間も短くなり、夜が早くやってきます。

日の入りの時間		時間差
1月15日	16:51	―
2月15日	17:23	32分
3月15日	17:48	25分
4月15日	18:14	26分
5月15日	18:39	25分
6月15日	18:58	19分
7月15日	18:57	-1分
8月15日	18:31	-26分
9月15日	17:49	-42分
10月15日	17:06	-43分
11月15日	16:34	-32分
12月15日	16:29	-5分

📝 メモ　旧暦8月15日の月を「中秋の名月」といいます。夏とくらべて秋の空はすんでいて、月が高くてきれいに見えます。

> コラム

日本海側と太平洋側でことなる
冬（12月～2月）

秋の終わりから冬のはじめにかけて、ぽかぽかとあたたかい小春日和になることがある一方で、木枯らしがふくようになると冬が始まります。冬は日本列島の西に高気圧、東に低気圧という西高東低の気圧配置になることが多く、大陸から北西の風がふいてきます。季節風によって、日本海側では雪が多い天気になります。その一方で、太平洋側では空気が乾燥した晴れの日が続きます。

▶降雪（栃木県）
平年では、10月下旬に北海道で初雪がふります。その後は東北、北陸と続き、九州南部では1月末になってはじめて初雪がふります。

冬の季節風

冬になると大陸でシベリア高気圧が発達します。北海道の東の海上では低気圧が発達して「西高東低」の気圧配置が多くなります。そのとき高気圧から低気圧の方へ、北西から冷たくかわいた風（冬の季節風）がふきます。

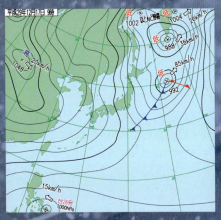

◀2017年12月17日の天気図。日本の西側に見えるのがシベリア高気圧で、天気予報では「冬将軍」とよばれることもあります。

小春日和

秋の終わりから冬のはじめのころに、寒さがやわらいであたたかい陽気になることがあります。そのような陽気を小春日和といいます。移動性高気圧におおわれ、等圧線の間が広くなって風が弱く、あたたかくなります。

◀2017年12月22日の天気図。中国方面から移動してきたふたつの移動性高気圧におおわれ、日本列島は全般的におだやかな天気になりました。

106 ✏️メモ　11～12月ごろのことを、むかしのこよみでは「小春」とよんでいました。

寒波

とても冷たい空気のかたまりがやってくることを「寒波」といいます。上空をふく偏西風は、南北にうねりながら流れています。偏西風が冬に日本付近で南の方へ大きく曲がると、北の方から冷たい空気のかたまりがやってきます。

日本海側に雪がふるしくみ（山雪）

日本海には対馬海流という暖流が南から北に流れています。北西から冷たい季節風が日本列島にふいてきたとき、暖流が流れる海は比較的あたたかいために次つぎに積雲ができます。その雲が山の斜面をのぼって大きくなり、雪をふらせます。このようなタイプの雪を「山雪」といいます。

Q 冬はなぜ星がきれいに見えるの？

冬の空はすんでいるので、星がきれいにみえます。冬は気温が低くて水蒸気が少なく乾燥し、強い風でちりなどが飛ばされているからです。冬には明るい星も多いので、星空がいっそうきれいにみえます。

▲月明かりの夜空に、無数の星がかがやいて見えます。

メモ　平年では、東京よりも南にある福岡の方が初雪が早くふります。北九州に北西の季節風がふきつけるためです。

第5章
異常気象と気象

最近は夏には猛暑、冬には大雪が話題になることが多くなっています。また梅雨時や台風の時期を中心に、集中豪雨やゲリラ豪雨などもしばしばニュースになります。第5章では、そのような異常気象やそれによる災害などを紹介します。

▶巨大積乱雲「スーパーセル」(アメリカ)

スーパーセルはとても巨大な積乱雲です。アメリカの広大な平原などでよく見られ、巨大な竜巻や落雷を起こします。しかし、異常気象によって地球があたたかくなることで、日本など、これまでスーパーセルがほとんど起こらなかった場所にもときどき発生するようになると考えられています。

災害

太平洋の海水温の上昇や下降が異常気象を引き起こす
エルニーニョ・ラニーニャ現象

太平洋の赤道の東側付近で数年に1度、海水の温度がふだんと変わってしまうエルニーニョ現象やラニーニャ現象が発生します。それらの現象は1年ほど続き、世界中の気象に影響をあたえて各地に異常気象をもたらします。エルニーニョ現象は、日本の冷夏や暖冬の原因のひとつになっていると考えられています。

■「エルニーニョ」とは？
スペイン語で「神の子キリスト」を意味します。もともと漁船の船員によって、ペルー北部で毎年クリスマスごろに発生する、海があたたかくなる現象に名づけられたものでした。やがて、ペルー沖で発生する異常高水温現象のことをさすようになりました。

エルニーニョ現象とラニーニャ現象のしくみ

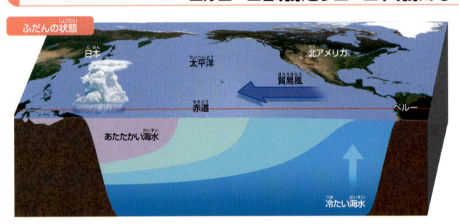

まず、左の図に示されたふだんの太平洋における風や海水の流れを見てみましょう。太平洋の赤道付近では、東から西に向かってふく貿易風によって、海面近くのあたたかい海水は西の方へふきよせられています。そのふきよせられた海水をおぎなうようにして、ペルー沖では深海から冷たい水が上がってくるので、海面近くの水温は比較的低くなります。また、海水温があたたかい西の方では、積乱雲ができやすくなります。

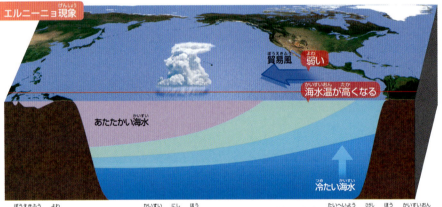
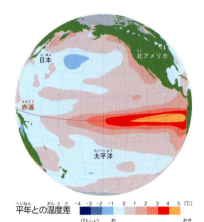

▲貿易風が弱まると、あたたかい海水が西の方へふきよせられなくなるため、太平洋の東の方の海水温がふだんより高くなります。そのため、積乱雲ができやすい場所も、ふだんよりは東よりになります。日本では冷夏・暖冬になりやすいです。

▲エルニーニョ現象が起こると、ペルー沖の海面水温は平年にくらべて高くなります。

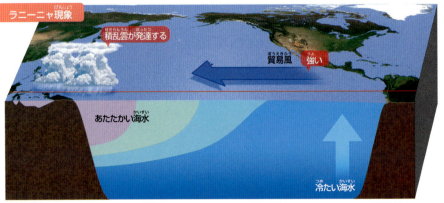
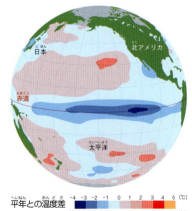

▲貿易風が強まると、あたたかい海水がふだんよりもさらに西の方へふきよせられます。積乱雲ができる場所も、ふだんより西の方になります。日本では、夏の暑さと冬の寒さがきびしくなります。

▲ラニーニャ現象が発生すると、ペルー沖の海面水温は平年にくらべて低くなります。

 ラニーニャ現象の「ラニーニャ」は、スペイン語で「女の子」を意味します。1985年に海洋学者によって命名されました。

エルニーニョ現象による被害

エルニーニョ現象は、数年に１度発生します。どれぐらい続くのかは決まっているわけではなく、年によってちがいます。それでも、エルニーニョ現象が発生すると世界中のさまざまな場所の気象に影響します。ふだん雨がふるところでふらなかったり、寒いところがあたたかくなったりすることで、人びとのくらしや、農作物の収穫などに影響をあたえます。

▼エルニーニョ現象（下図の赤い期間）もラニーニャ現象（下図の青い期間）も、数年に１度、発生します。

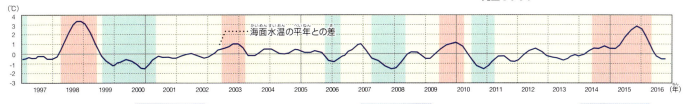

集中豪雨
アメリカ南部や南アメリカでは、豪雨や洪水による被害が大きくなることがあります。

森林火災
インドネシアでは、気温が高く雨が少ない傾向になり、乾燥による山火事や森林火災が起きます。

生態系の破壊
太平洋のガラパゴス諸島周辺では、食べ物の海藻がへって、たくさんのウミイグアナが死んでしまうことがあります。

冷夏・暖冬

日本では夏にすずしくなり、冬はあたたかくなる傾向があります。冷夏になるとイネが育たず、米が不足することもあります。

エルニーニョ現象による冷夏

冷夏にはさまざまな原因がありますが、エルニーニョ現象がその原因のひとつになることがあると考えられています。エルニーニョ現象が起きると、東南アジアで積乱雲があまりできなくなります。その影響で太平洋高気圧のいきおいが弱まり、オホーツク海高気圧のいきおいが強まるため、冷たくしめった北東気流が流れこんで、日本付近は冷夏になる傾向があります。

▶2009年7月16日の天気図。エルニーニョ現象の影響で太平洋高気圧のいきおいが弱まり、2009年は猛暑日（→113ページ）がありませんでした。

つながっている世界の気象

エルニーニョ現象やラニーニャ現象のように、ある場所で起きた現象が、遠い地域の気象に影響することを「テレコネクション」といいます。このような異常気象は、必ずしも何かひとつの原因で起こるわけではなく、さまざまな要素が組み合わさって起きています。そのため、発生を予測するのもむずかしくなっています。

▶2017年に世界で見られた主な異常気象や気象災害。ふだんより気温が高くなった地域が世界各地でありました。異常高温は、2016年の春まで続いていたエルニーニョ現象や地球温暖化などの影響によると考えられています。

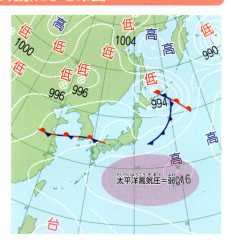

気象庁より

 ウミイグアナは、1997～1998年のエルニーニョ現象が原因で、総個体数の85％がへってしまったと考えられています。

熱中症に注意！
猛暑

気温の最高記録を更新したり、熱帯夜の日数がふえたりなど、最近は太平洋高気圧だけでなく、さまざまな原因で猛暑にみまわれることが多くなってきています。都市部ではとくに気温が高くなっており、熱中症などに注意が必要です。

▶夏の気圧配置　103ページ

▲2010年の猛暑
2010年の夏は、海岸では多くの海水浴客でにぎわいました（大阪・貝塚市）。夏の全国の平均気温は平年とくらべて1.64℃も高く、それまででもっとも高くなりました。

◀2013年の猛暑
2013年8月10日、岐阜県多治見市のJR多治見駅前の温度計が39.5℃を表示しました。2013年の夏は全国的に猛暑におそわれ、平均気温は西日本では平年にくらべて1.2℃高く、記録をとりはじめてからもっとも高くなりました。

▲観測史上最高を記録
2013年8月12日、高知県四万十市江川崎で最高気温が41.0℃になりました。観測史上、もっとも高い気温でした。

Q 2010年はなぜ猛暑だったの？

2010年は、春にエルニーニョ現象が終わり、夏にラニーニャ現象が発生した年でした。また、日本列島の近くにある亜熱帯ジェット気流が、ふだんよりも北の方にあったので、太平洋高気圧やチベット高気圧が日本付近にはり出していました。一方で、気温の低いオホーツク海高気圧の影響をあまり受けなかったこともあって日本はとても暑くなりました。

▲亜熱帯ジェット気流が北の方にあったのは、インド洋や、南シナ海北部からフィリピン北東部の対流活動が活発になったことが理由のひとつだと考えられています。

✏️メモ　2007年、埼玉県と岐阜県で40.9℃を記録し最高気温が74年ぶりに更新されました。そのわずか6年後、高知県で記録が更新されました。

猛暑による被害

真夏日や熱帯夜の日数が多いと、熱中症による死亡者の数がふえることがわかっています。また、猛暑の年には積乱雲ができやすく、積乱雲がもたらす雷雨によって、水害や落雷の被害などが多くなることがあります。

■ 暑い日の名称

夏日	最高気温が25℃以上の日
真夏日	最高気温が30℃以上の日
猛暑日	最高気温が35℃以上の日
熱帯夜	夜間の最低気温が25℃以上の夜

◀気温の高い日のよび方は、1日のうちでいちばん高い気温によって決められています。猛暑日は、むかしは気象用語には入っていませんでしたが、暑さによる被害に注意してもらうために、2007年から使用されるようになりました。

熱帯夜

熱帯夜で湿度が高いとむし暑く寝苦しくなります。気温と湿度をもとにしてどれくらいむし暑いかを示したものは「不快指数」とよばれます。気温が同じでも湿度が高いと不快指数は高くなります。

◀不快指数は乾湿温度計で、「(乾球の温度＋湿球の温度)×0.72＋40.6」で求められます。ほかにも不快指数の求め方はいろいろあります。

■ ふえる熱帯夜日数

気象庁より

▲東京、名古屋、大阪、福岡の4都市の熱帯夜の日数のうつり変わりを見ると、以前にくらべて最近は熱帯夜の日数がかなりふえていることがわかります。ヒートアイランド現象や地球温暖化、フェーン現象などが原因だと考えられています。

ヒートアイランド現象

都市部での気温が、周囲の地域よりも高くなる現象をヒートアイランド現象といいます。「熱の島」の意味で、暑い地域が都市を中心に島のような分布になったことから名づけられました。舗装された道路は熱がたまりやすいことや、自動車やエアコンの室外機のように熱を出すものがたくさんあることなどが原因です。

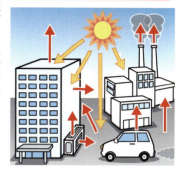

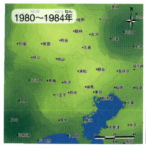
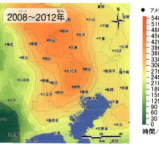

▲30℃以上になった合計時間数の分布 (資料＝環境省)

関東地方で気温が30℃以上になった合計時間数(5年間の年間平均時間数)を地図にあらわしたもので、時間が長いほど赤くなっています。およそ20年間で、暑い時間が約2倍になり、その範囲も広がっています。

熱中症予防

熱中症を予防するには、体温が上がらないように暑い場所をさけたり、こまめに水分を補給したりすることが大切です。気温と湿度、そして建物や地面などから出る熱をもとに計算されたものを「暑さ指数(WBGT)」といい、暑さ指数が28℃をこえると熱中症の患者数がふえるといわれています。運動をする前の目安にしておきましょう。

■ 暑さ指数の指針（運動に関するもの）

気温の目安	湿球温度の目安	暑さ指数（WBGT）	熱中症予防運動指針
35℃以上	27℃以上	31℃以上	運動は原則中止（日常生活でも危険）
31〜35℃	24〜27℃	28〜31℃	厳重警戒（はげしい運動は中止）
28〜31℃	21〜24℃	25〜28℃	警戒（積極的に休息）
24〜28℃	18〜21℃	21〜25℃	注意（積極的に水分補給）
24℃未満	18℃未満	21℃未満	ほぼ安全（必要なときに水分補給）

資料＝(公財)日本体育協会「スポーツ活動中の熱中症予防ガイドブック」(2013)より一部抜粋・改変

Q なぜ熱中症になるの？

気温や湿度が高かったり、運動をしたりしたとき、体の中の水分や塩分のバランスがくずれ、体温の調節がうまくいかなくなると熱中症になります。体温上昇やめまい、ひどい場合は意識を失うなどの症状があらわれます。体がふらふらする、顔が赤くなる、足がつるなどと感じたら熱中症のサインです。

▲室内や、それほど暑くないときでも、熱中症になることがあります。

メモ 熱中症のサインがあらわれたら、すずしい場所に行って体を冷やし、水分や塩分をとりましょう。症状によっては病院に行く必要があります。

危険な大雨が都市をおそう！
大雨① 局地的大雨（ゲリラ豪雨）

夏の暑い日に突然はげしくふり出す「局地的大雨」が、最近では毎年のようにニュースになっています。地面がアスファルトでおおわれた都市部では、川があふれたり道路が水につかったりするなどの被害が出ることもあるので注意が必要です。

■ **局地的大雨とは？**
大気の状態が不安定なときに単独の積乱雲が発達して、せまい範囲にたくさんふる雨のことで、数十mmほどの総雨量になります。ゲリラ豪雨は、新聞やテレビのニュースなどで使われている言葉で、気象庁では局地的大雨という言葉が使われます。

局地的大雨による被害

大雨による被害は都市部で深刻なものになり、「都市型水害」とよばれます。道路のほとんどが舗装されているので、ふった雨が地中にしみこまず、水があふれてしまいます。下水道の処理能力をこえるほどの量の雨が急にふると、道路が水につかる「冠水」や、住宅が水につかる「浸水」の被害が出ることがあります。

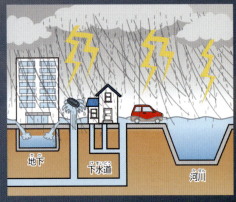

▲冠水
下水道のマンホールのふたから水があふれ出しています。

▲てっぽう水（兵庫県神戸市）
上流で水をせきとめていた土砂などが増水によって決壊し、たくさんの水とともにいっきに流れてくることを「てっぽう水」といい、急なはげしい雨でも起こります。2008年7月28日、神戸市を流れる都賀川では局地的な大雨のために、2～3分の間に1mも水位が上がり、河原で遊んでいた人が流される事故が起きました。

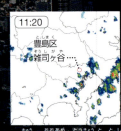

▲急な大雨（東京都豊島区雑司ヶ谷）
2008年8月5日、東京都で起きた局地的な大雨をとらえたレーダー画像です。赤い場所ほど雨が強いことをあらわしています。この日、豊島区雑司ヶ谷では11:55～12:00の5分間に1時間あたり60mmほどの雨がふり、次の5分間には1時間あたり120mmのもうれつな雨となりました。この大雨による急激な増水のせいで、下水道工事の作業員が命を落とす事故が起きました。

メモ　都市部ではヒートアイランド現象のほか、工場から出る排気ガスと熱により、上昇気流が発生して雲が発達しやすくなっています。

積乱雲

局地的大雨が起きるしくみ

上空に冷たい空気があり、地上近くにあたたかくしめった空気があると、大気の状態が不安定になります。そこに雲がやってくると、強い上昇気流とともに発達した積乱雲になり、一時的に強い雨をふらせます。とくに都市部では、ヒートアイランド現象（→113ページ）による熱が大きく影響します。

都市型水害の対策

局地的大雨による、都市型水害の対策のひとつに「調整池」があります。調整池は、ふだん水をたたえた「池」ではなく、道路の地下などの河川に近い場所につくられた巨大な空間です。大雨で増水したときに一時的に水がたまることで、冠水や浸水による被害を軽減します。

▶東京都の環状七号線の地下につくられた大規模地下調整池。高さが12.5mもあり、いくつもの川とつながっています。

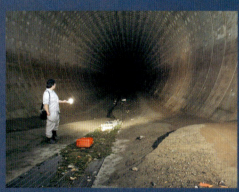

局地的大雨から身を守るために

局地的大雨
急速に発達した積乱雲におおわれ、東京のビル群は局地的な大雨にみまわれました。

局地的大雨は、急速に発達した積乱雲からふるものなので、大雨警報・注意報が発表されない場合があります。発達した積乱雲が近づくきざしには以下のようなものがあるので、もしも屋外にいて危険を感じたらすぐに身の安全を図りましょう。●真っ黒い雲が近づき、周囲が急に暗くなる。●雷鳴が聞こえたり、稲妻が見えたりする。●ヒヤッとした冷たい風がふき出す。●大つぶの雨やひょうがふり出す。

《気象庁「局地的大雨から身を守るために」より》

メモ　2008年の夏は前線が停滞し、南からのしめった空気が流れこんで大気の状態が不安定になり、日本各地で豪雨が起きました。

洪水や土砂くずれを起こす大雨
大雨② 集中豪雨

前線に台風が近づいたときなど、積乱雲が次つぎにできて、大雨がふり続くことがあります。このような集中豪雨が発生すると、川がはんらんしたり土砂くずれが起きたりして、大きな被害が出ることがあります。

■ 集中豪雨とは？
前線や低気圧、地形の影響などによって、積乱雲が次つぎにできて数時間にわたって強い雨がふり続き、せまい地域で100mmから数百mmもの雨量になり、災害をもたらします。

▲1982年7月、長崎県で大雨がふり続き、大きな被害が出ました。「長崎大水害」ともよばれています。重要文化財の「めがね橋」が川のはんらんでくずれ落ちてしまいました。

集中豪雨が起こるしくみ

あたたかくしめった風がふきつける場所では積乱雲が発生し、上空の風で流されてはまた次の積乱雲が発生し、同じ場所にはげしい雨が長くふり続きます。そこではさまざまな災害が発生します。積乱雲がならんで雨をふらせる範囲を「線状降水帯」といい、しばしば集中豪雨が発生します。

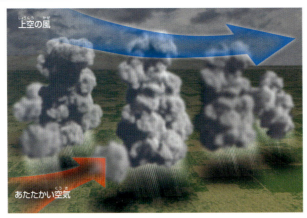

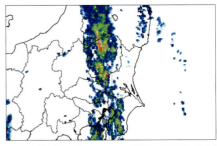

▲2015年9月10日のレーダー画像。北関東で発生した線状降水帯では、赤い色ほど雨が強くふっています。このとき茨城県常総市では鬼怒川の堤防が決壊し、大規模な水害が発生しました。

 2015年9月9～10日、台風18号から変わった日本海の温帯低気圧に、太平洋からのしめった空気が流れこんだため、鬼怒川で豪雨になりました。

集中豪雨が起きやすいとき

台風が近づくとき
前線や低気圧に台風が近づくと、あたたかくしめった空気が流れこんで集中豪雨が起きやすくなります。

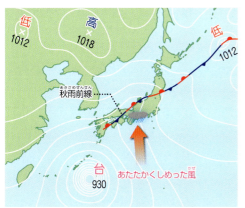

◀台風のまわりでは反時計まわりに風がふくので、台風の東側では南風がふきます。2000年9月11日には、秋雨前線に台風からのあたたかくしめった空気が流れこんで、東海地方に集中豪雨が発生しました。

梅雨の終わりごろ
梅雨の終わりごろ、南西からあたたかくしめった空気が流れこんで豪雨になることがあります。

◀2012年7月に九州北部で集中豪雨が起きたときの気圧配置です。梅雨前線では、もともと上昇気流があります。そこに南からあたたかくしめった空気が流れこんでくると、梅雨前線の100〜200kmほど南のところで積乱雲ができやすくなります。

集中豪雨による被害

短時間に大雨がふると川の水位が上がって、川がはんらんします。また、山の斜面に大量の雨がしみこむと地盤がゆるくなって、土砂くずれや地すべりなどの土砂災害が起きることがあります。

◀川のはんらん
2012年7月11〜14日、九州北部では梅雨前線が活発になり、集中豪雨が発生しました。福岡県八女市では上流の矢部川の堤防がくずれて星野川がはんらんし、住宅地で浸水などの被害が起きました。

▶土砂くずれ
大量の雨が地面にしみこむと、地盤がゆるくなって土砂くずれや地すべりが起きることがあります。2011年9月、台風が上陸して、紀伊半島大水害が起きました。奈良県では土砂くずれが起き、十津川がせきとめられてしまいました。

強い雨がふえている

降水量などを計測するために、日本各地にアメダス（地域気象観測システム）が設置されています（→128ページ）。右のグラフは、アメダスの1000地点あたりの、1時間に80mm以上の「もうれつな雨」がふった回数を示したものです。赤い線は、期間にわたる平均的な変化の傾向を示しています。発生回数は、年によってふえたりへったりしていますが、全体としてもうれつな雨の回数が以前よりもふえています。

降水量	雨の強さ	人への影響
10〜20mm	やや強い雨	地面からのはねかえりで足元がぬれる。
20〜30mm	強い雨	かさをさしてもぬれる。
30〜50mm	はげしい雨	
50〜80mm	非常にはげしい雨	かさは役立たず、水しぶきであたり一面が白っぽくなる。
80mm以上	もうれつな雨	

▲気象庁では雨の強さの表現を、雨量によっていくつかの種類に分けています。

■1時間降水量80mm以上の年間発生回数　気象庁より

▲青い棒グラフは各年の年間発生回数を示し、赤い直線は長期的な変化の傾向を示しています。

 メモ　1時間に100mmの雨がふると、水の量は1m²で計算すると1時間に100リットルにもなります。

冬の大雪や嵐には要注意！
豪雪

雪が多い地方でも、ふだんよりたくさんの雪がふると、人や建物に大きな被害が出ることがあります。そのような大雪を「豪雪」といいます。また、突然の雪をもたらす低気圧にも注意が必要です。

異常気象と気象災害

雪の強さを表す言葉

豪雪や大雪など、降雪の強さをあらわすことばはさまざまあります。大雪になりそうなとき、気象庁から注意報や警報、特別警報が出ることがあり、注意報などが発表される雪の量の基準は地域によってちがいます。

用語	説明
暴風雪	暴風をともなう雪。
豪雪	いちじるしい災害が発生した顕著な大雪現象。
大雪	大雪注意報の基準以上の雪。
強い雪	降雪量がおよそ1時間に3cm以上の雪。
弱い雪	降雪量がおよそ1時間に1cmに達しない雪。
小雪	数時間ふり続いても、降水量として1mmに達しない雪。

強い寒波がもたらした豪雪

2005年から2006年にかけての冬は、上空のとても強い寒気が日本付近までやってきたため、日本海側でものすごい大雪になりました。そのときは、ふだんの年にくらべて偏西風が日本付近で大きく南側に曲がるようにふいたため、偏西風の北側にある寒気が日本付近まで何度もやってきたのです。

◀平成18年豪雪
2005年から2006年の冬にかけて発生した豪雪は、気象庁によって「平成18年豪雪」と名づけられました。雪下ろし中の事故や、雪の重みで家がこわれるなどして、150人をこえる死者が出ました。ほかにも、除雪が追いつかずに電車が脱線してしまう事故や雪の重みで体育館の屋根がつぶされてしまうなどの被害も起きました。

日本海側に大雪をもたらす季節風

上空に寒気をともなった冷たい季節風が北西からふいてくると、海水温の方が高い日本海の上で積雲が次つぎと発生して、沿岸部で積乱雲に発達します。この積乱雲が平野部で大雪をもたらします。このとき、平野部に多くふる雪を「里雪」といいます。一方、日本海側の山沿いや山間部に多くふる雪を「山雪」（→107ページ）といいます。

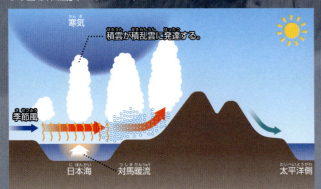

太平洋側に大雪をもたらす南岸低気圧

2月ごろになると、日本列島のあたりを低気圧が西から東へ移動していくようになります。そのような低気圧の中で、本州の南側を移動していく低気圧を「南岸低気圧」といいます。関東地方の南部で大雪になるときは、南岸低気圧が原因のことが多いです。ただ、南岸低気圧のコースによっては雨になります。

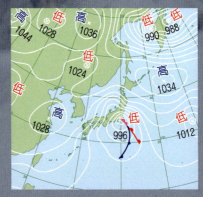

◀2014年2月15日の天気図。前日に九州の南方に発生した低気圧は、四国から関東地方の南岸にそって動き、記録的な大雪をもたらしました。北からの冷たくしめった空気と南からのあたたかい空気がぶつかって、甲府で114cm、前橋で73cmなど、関東甲信、東北の15地点で観測史上1位の積雪を記録しました。

📝メモ　気象庁では大災害をもたらした大雪に名前をつけることがあります。これまでに、「平成18年豪雪」、「昭和38年1月豪雪」があります。

▲北陸豪雪
2018年に新潟県を走る電車の車窓から撮影された、豪雪のようすです。2017年12月から2018年の3月にかけて、偏西風が日本付近で南に曲がったため強い寒波が流れこみ、日本海側では何度も大雪がふりました。

大雪をもたらす「急速に発達した低気圧」

低気圧の中心気圧が低くなることを、低気圧が「発達する」といいます。低気圧が短い時間で急速に発達すると、まるで台風のような風とともに、はげしい雨や雪がふります。そのような低気圧は「爆弾低気圧」とよばれることもあり、冬に発生すると広い範囲で大雪をもたらすことがあります。ふつうの低気圧は西から東へ移動しますが、多くの急速に発達する低気圧は南西から北東の方向に移動します。

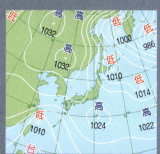
▲2013年1月13日の天気図。本州は高気圧におおわれて晴れ、九州の東側には低気圧が発生しています。

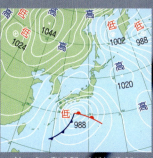
▲翌14日、低気圧が急速に発達し、関東地方を中心に暴風と予想外の大雪にみまわれました。

▲翌15日は冬型の気圧配置になり、日本海側では雪がふり、北日本では真冬日になりました。

▲1978年、イギリスの豪華客船クイーン・エリザベス2号は、急速に発達した低気圧で生じた暴風などのために破損しました。その事故をきっかけに「爆弾低気圧」ということばができました。

 最高気温が0℃未満の日を「真冬日」、最低気温が0℃未満の日を「冬日」といいます。

海や国境をこえて広がる
大気汚染

自動車の排気ガスや、工場から出るけむりなどには、大気をよごすもとになる有害な物質がふくまれています。大気が汚染されるだけでなく人がぜんそくなどの病気になるなど、さまざまな問題が起こります。

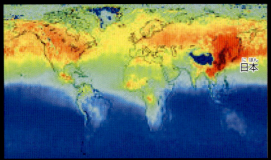

▲2000～2004年に測定された大気中の一酸化炭素量（4～6月）。自動車などの燃料が不完全燃焼することで一酸化炭素が発生し、大気汚染の原因のひとつになっています。赤くなるほど量が多いことを示しており、中国周辺がもっとも色濃くなっています。

PM2.5

「ピーエムにてんご」と読みます。1000分の1mmのことを1マイクロメートル（μm）といいます。PM2.5とは、2.5マイクロメートル（1000分の2.5mm）以下の小さな物質のことです。とても小さいため、すいこむと肺の奥の方まで入りやすく、気管や肺などの病気になることがあります。

▲2013年10月、人体に有害とされるほど高濃度のPM2.5をふくむスモッグが発生した中国・黒龍江省では、道路が閉鎖され、学校が休校になるなどの影響がありました。

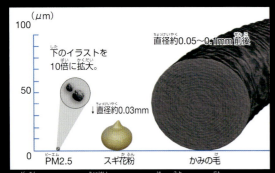

▲PM2.5のつぶの直径は、かみの毛の太さの30分の1ほどしかありません（参考資料＝東京都環境局）。

📝メモ　PM2.5の「PM」とは、「Particulate matter」の頭文字です。日本語で「粒子状物質」とよばれます。

光化学スモッグ

工場からのけむりや自動車の排気ガスにふくまれるちっ素酸化物などが、太陽の紫外線を受けて「光化学オキシダント」という物質に変わります。その物質がたくさんできて大気中にうかぶことで、もやがかかったようになるのが「光化学スモッグ」です。光化学スモッグの日に外に出ると、目やのどがいたくなることがあります。

▲スモッグとは、けむり（スモーク）と霧（フォグ）からつくられたことばです。

酸性雨

工場や自動車から出るちっ素酸化物や硫黄酸化物が酸性の物質（硝酸や硫酸）に変化して雨つぶなどにとけ、雨が酸性になったものが酸性雨です。木がかれるなど生き物に悪い影響をあたえたり、コンクリートをとかしたりします。二酸化炭素のため、雨はもともと少し酸性で、それよりも酸性が強いときに、酸性雨になります。

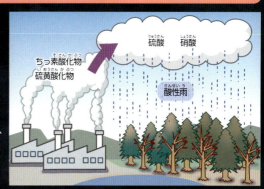

黄砂

中国大陸でまき上げられた砂やちりが、上空の偏西風に乗って日本までやってくる現象です。3月から5月に多く発生し、毎年100万トンもの黄砂が日本に運ばれてくるといわれています。春の空がかすむ原因のひとつです。

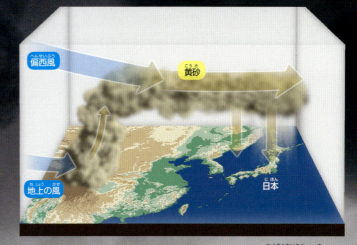

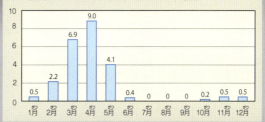

▲中国大陸の砂ばくなどで、風のために小さな砂つぶがまき上げられます。小さなつぶが上空まで上がり、偏西風に乗って東の方へ運ばれます。日本周辺では自然に落下してきたり、雨とともにふってくることがあります。太平洋をわたってアメリカ大陸までとどくこともあります。

 黄砂にはアレルギー物質がふくまれることがありますが、黄砂についている養分は、海にすむプランクトンのえさにもなります。

姿を変える地球の環境
地球温暖化

二酸化炭素などの温室効果ガスがふえることで、地球全体の気温がむかしよりも高くなっています。地球温暖化によって、雨のふり方が変わったり、海の水位が高くなったりなど、さまざまな環境の変化が出ることが心配されています。

異常気象と気象災害

▼ホッキョクグマの危機
北極圏にくらすホッキョクグマは、春までの間に氷原を利用しながらアザラシなどたくさんのえものをとらえ、十分脂肪をたくわえてから夏に北アメリカなどの陸地へ移動します。しかし、地球温暖化によって春に氷がとける時期が早まってしまうと、狩りの期間も短くなってしまいます。そのため、絶滅の危機にあると考えられています。

メモ ふえている温室効果ガスは二酸化炭素のほかにメタンなどがあります。メタンは植物が分解されるときに出てきたり、家畜のげっぷの中に入っていたりします。

地球温暖化による被害

地球全体の平均気温が上がることで、大気や海の環境が変わります。大雨がふる回数がふえたり、逆に雨が少なくなったりする地域があるなど、世界的に異常気象がふえる可能性があります。また、米や果物などの農作物の栽培に影響するだけでなく、いままで日本にはなかった病気が出てきたりといったことも起こりかねません。各地の気温が高くなることで気候そのものが変わり、そこにくらす動植物にも深刻な被害をもたらすことになります。

◀海水面の上昇
氷河の氷がとけたり、海水温が上がることで海水がふくらんだりするため、海の水位が上がります。20世紀の間に地球全体で平均約15cmも海面が上昇したと考えられており、今後もそのいきおいは加速していくと考えられています。

◀サンゴの白化
海水の温度が高くなると、サンゴの中にいる藻類がいなくなって、サンゴが白くなってしまいます。これを「白化」といいます。白化したままだと、サンゴはやがて死んでしまいます。

◀デング熱の流行
デング熱は、ヒトスジシマカという力を通して人から人へうつる感染症です。この力はあたたかい場所でしか繁殖できませんが、その分布域が日本国内で北上しており、力が媒介する感染症がふえる可能性があります。

気温上昇の過去と未来

人間の活動によって大気中の二酸化炭素などの温室効果ガスがふえたことが地球温暖化の主な原因だと考えられています。18世紀以降、石油や石炭などの化石燃料をたくさん使ったことで、大量の二酸化炭素が大気中に排出されてきました。森林や海によって二酸化炭素が吸収される量よりも排出される量の方がとても多いため、大気中の二酸化炭素はどんどんふえつつあります。

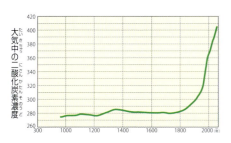

◀大気中の二酸化炭素の変化
南極の氷床などから、過去の大気中の二酸化炭素濃度がわかっています。18世紀以降、イギリスでは石炭を燃料とした機械や動力の導入によって工場で大量生産が始まります。これを産業革命といいます。産業革命が世界的に広がると石炭や石油などの化石燃料がさらにたくさん使われるようになり、二酸化炭素濃度が急上昇しました。

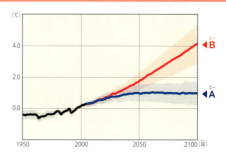

▲世界全体では、100年あたり約0.73℃の割合で平均気温が上昇しています。温暖化対策が期待以上に進めば100年後は上図のA（2℃未満）にとどまりますが、現在のままだとB（2.6〜4.8℃）まで上昇すると予測されています。

Q 二酸化炭素の排出量はどうやって調べるの？

地上や飛行機などの各地で計測された二酸化炭素の濃度をもとに、排出量や吸収量を計算して推定しています。二酸化炭素は赤外線を吸収する性質があることから、宇宙から赤外線検出器を使って赤外線の量を測ることで大気中の二酸化炭素濃度がわかります。

▲2009年に打ち上げられた日本の温室効果ガス観測技術衛星「いぶき」は、宇宙から地球全体を観測しており、二酸化炭素の排出量や吸収量を精度よく推定できるようになりました。

地球温暖化への取り組み

二酸化炭素は、石油や石炭などの化石燃料を使う発電所から排出される量が最も多く、より効率的に燃料を燃やしたり、排出できる量を制限したり、太陽光・風力・水力・地熱など再生可能エネルギーに転換したりするなどの取り組みがなされています。また、二酸化炭素の吸収量をふやすためには森林面積を拡大する必要があり、都市を緑化する試みなども行われています。

◀2014年に運転を開始した大分ソーラーパワー。日本最大級の太陽光発電所で、年間発電量は、約3万世帯もの電力をまかなうことができるとされています。

▶つるがのびるゴーヤなどの植物を窓際に植えて、夏の暑い日に日光が部屋に入らないようにして冷房のために電力を使うのをおさえたり、緑をふやすことで二酸化炭素の吸収を高めたりしようという取り組みが自治体などで行われています。

メモ　北半球では夏になると植物の光合成が活発になり、大気中の二酸化炭素濃度は下がります。冬は逆に濃度が上がります。

火山噴火、隕石落下、大地震

地球規模の災害

異常気象に関係するのは、大気や海だけとは限りません。ひんぱんに起きることではありませんが、たとえばとても大規模な火山噴火が起きると、地球の広い範囲で太陽光がさえぎられて気温が下がってしまうことがあります。

▶ピナツボ火山の噴火
1991年、20世紀最大ともいわれる規模でフィリピンのピナツボ火山が噴火しました。周辺への被害だけでなく、地球の気象に大きな影響をあたえました。

異常気象と気象災害

メモ　落下が確認された隕石は約600回ですが、海や砂漠などに落ちた未確認の隕石はもっとたくさんあると考えられます。

火山噴火による被害

火山は、気象庁の火山監視・警報センターで活動データが取られたり、カメラによる監視が行われています。火山に異変が起きると、地方気象台や火山防災連絡事務所から情報が発表されます。

直接的な被害——火山噴出物

これまで1万年以内に噴火したことのある火山や、現在も水蒸気や火山ガスを出している火山を「活火山」といいます。活火山では、地下のマグマが上がってきて火山が噴火すると、溶岩や噴石、火山灰などがふき出て、周囲の建物や人に大きな被害が出ることがあります。

間接的な被害——冷夏

二酸化硫黄などの大量の火山ガスが成層圏までとどいて広がると、とても細かいつぶに変わり、太陽の光の一部をさえぎってしまうことがあります。1991年にフィリピンのピナツボ火山が噴火したときは、地球の気温が1年間にわたり0.5℃ほど下がり、その影響は世界中におよびました。

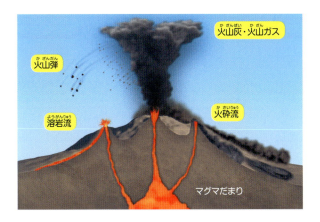

◀1991年に日本で撮影された、ピナツボ火山噴火による異常な色の夕焼け空です。大気中のちりが多いため、ふだんよりも赤紫色に見えています。日本では1993年に冷夏となり、米不足などの被害が起きました。

隕石による被害

宇宙空間をただよう小惑星には、とても小さいものから直径100kmをこえるような大きなものまで、さまざまあります。そのうち、地表に落下した岩石や鉄を「隕石」といい、小さなつぶが地球の大気中で発光するものを「流れ星（流星）」といいます。流星は大気中で蒸発してしまいますが、隕石は地球に落下して被害をもたらすことがあります。

◀隕石落下
2013年、ロシアのチェリャビンスク州で直径17mほどの小惑星が落ちてきました。上空で分裂したときの衝撃波でガラスがわれるなどして、たくさんのけが人が出ました。

隕石は、よく地球に落ちてくるの？

1913年から2013年までの100年間に地球に落下したのを確認された隕石は約600回で、世界では1年に5回、日本では5年に1回の割合で落下しているとされています。地球の歴史上、生命や地球環境に大きな影響をあたえた小惑星の落下は、およそ6600万年前に起きました。そのせいで恐竜類が大量絶滅してしまいました。

◀約6600万年前に現在のメキシコ半島付近に落下した小惑星は、直径10kmもある巨大なものでした。

大地震による被害

気象庁では、天気に関する仕事のほかに、地震に関する仕事もしており、地震が起きたときに震源の位置や地震の規模を発表するなどしています。

大きな地震が発生すると、さまざまな被害が出ます。建物がたおれるなど、地震のゆれや津波などで起きる被害（一次災害）のほか、そのあとに起きる火災や、電気や水道などが使えなくなるなどの二次災害にも注意が必要です。

◀緊急地震速報
震源から地震のゆれを伝える地震波には、速く伝わるP波と、ややおそいS波があります。緊急地震速報は、先にやってくるP波をいち早くとらえて、地震の規模などを予測し発表することで、少しでも地震による被害をへらそうとするものです。発表されるのは、気象庁が震度5弱以上の地震になると予想したときです。左の図は、地震波の発生から家庭に伝わるまでを番号であらわしています。震源に近い場所では、速報の発表から大きなゆれがくるまでの時間が短く、間に合わないこともあります。

 気象庁では、多くの観測点でえられた地震波の観測データをただちにコンピューターで処理し、震源を決定して発表しています。

コラム 地球の過去と未来を考える
気候変動

天気とは、数分から数日間までの気象状態のことですが、数十年ほど続く大気の状態のうつり変わりを「気候」といいます。たとえば、寒冷な地域で平年気温が上がれば、地球温暖化などのせいで気候が変化（変動）しているということになります。しかし、数万年単位で地球の歴史を見ると、気候はつねにうつり変わっていることがわかります。気候は複雑な要因でたえず変化を続けており、一度変わってしまった環境がもどることはありません。地球の未来がどうなっていくのか、考えてみましょう。

北極海の古い氷が消えつつある

下にならべた1980年と2012年の北極海の写真をくらべると、北極海の氷（古い氷）がとけてしまったことがわかり、地球が温暖化しつつある証拠と考えられています。温暖化が進めば、2030年には氷がなくなるという意見もあり、海水面の上昇による洪水の多発などが心配されています。しかし、その一方で地球は約10万年周期でとても寒い時期（氷期）とあたたかい時期（間氷期）をくりかえしていて、長い時間軸で見ると、これからは氷期になると考えられています。

▼北極海は、冬になると氷におおわれ、夏になるとその大部分がとけます。しかし、夏をこしてもとけないまま残る、厚い氷におおわれた場所があります。ひと冬でとける氷を「一年氷」とよび、2年以上残る古い氷を「多年氷」といいますが、1980年から2012年の間、多年氷の大部分がとけてしまったことがわかります。

▲約2万年前、北半球と南半球の高緯度地域は大きな氷河におおわれ、海水面が下がっていました。このころの日本は大陸と地続きになり、氷河にこそおおわれなかったものの、さまざまな動物がわたってきました。

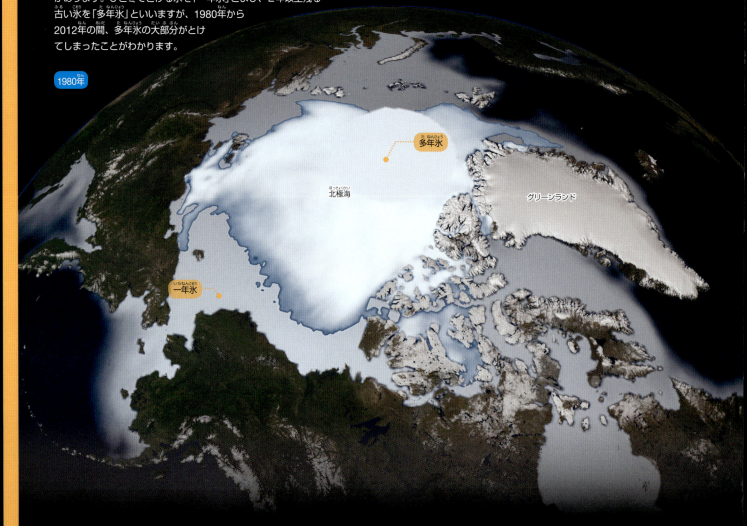

1980年

多年氷
北極海
グリーンランド
一年氷

メモ　南極の氷床の厚さは3000m以上あり、いちばん深いところの氷には70万年以上前の地球の大気があわとなってとじこめられています。

太陽活動の影響

気候変動に大きな影響をあたえる原因のひとつと考えられているのが太陽活動です。太陽表面の「黒点」とよばれる領域がふえると太陽活動は活発化したとされ、逆に黒点が少なくなると活発ではないということになります。以前は、太陽活動が活発化すれば、地球の気温は上昇すると考えらていました。しかし、20世紀半ばから、太陽活動の変化と地球の気温上昇は必ずも一致していないことがわかっています。

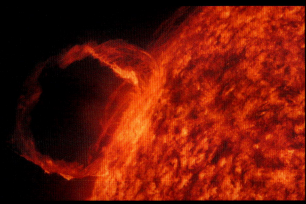

▲太陽の紅炎（プロミネンス）。太陽活動は約11年周期で活発化すると考えられていますが、ここ100年ほどの歴史の中では黒点数は増減をくり返しながらも、平均的に見てほとんど変化していません。一方、1950年ごろから地球の気温は上昇し続けています。

バランスをくずすさまざまな原因

地球に出入りする太陽エネルギーがつり合っているので、気温は一定に保たれていますが、そのバランスがくずれると気温が上がったり下がったりします。地球規模の気温上昇の原因には、太陽活動、大気や海の流れなどさまざまあり、それらが複雑にからみ合っています。もっとも大きな原因と考えられているのが、温室効果ガスが大気中にふえることです。わたしたち人類にいまできることは限られています。

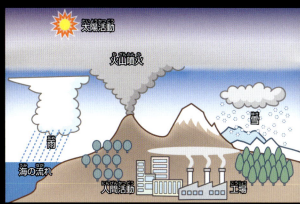

▲地球の気候に影響をあたえる主な原因です。工場のけむりや火山の噴煙にふくまれるちりが大気中にふえるなどしても、太陽の光をさえぎるので気温が下がることがあります。

メモ　深海の底から泥や岩のサンプルをとって調べることも行われていて、この方法ではおよそ100万年前までの気候の変動がわかりつつあります。

気象観測

天気予報に必要なデータが観測される場所

天気を予測するためには、気圧、気温、風向・風速、降水量などのさまざまなデータが必要です。気象庁では全国に気象台や測候所を配置し、アメダスなどの無人の自動観測も行っています。また、レーダーや気象衛星で遠くから雲や雨の状態を観測したり、ラジオゾンデなどで高層大気の状態を調べています。

▲自動観測を行う無人気象観測所。

地上からの観測

全国約60か所の気象台や測候所では、地上の気圧、気温、風向・風速、降水量、日照時間などの気象観測が行われています。また、全国約1300か所に設置された地域気象観測システム「アメダス」は、降水量などの情報を無人で自動的に観測し、気象庁に配信しています。

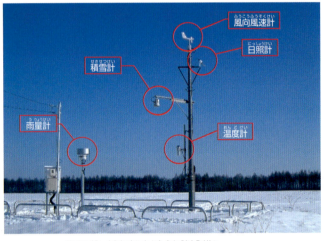
▲アメダス（北海道・上札内地域気象観測所）

雪の多い地域約320か所のアメダスには、積もった雪の深さを測る積雪計がついています。積雪計には超音波で雪の深さを測るものと、レーザー光で測るものがあります。

人の目による観測

実際の空のようすを知るために、目視による気象観測も行われています。どのような雲が出ているか、水平方向で見通せる距離（視程）、雨や雪、ひょう、雷が鳴っているかなどを観測します。人がいる気象台、測候所では必ず行っています。また、サクラが咲いた日など動植物の活動も記録しています。

アメダス

「地域気象観測システム」ともよばれ、天気予報に役立っています。全国約1300か所のアメダスで降水量を測っていますが、そのうちの840か所では気温、風向・風速、日照時間も測っており、下のような機器が用いられています。

▶ **風向風速計**

風向と風速を観測する装置です。胴体の向きから風向がわかり、プロペラの回転数から風速がわかります。

▶ **温度計**

電気式温度計が、太陽の光や雨、風などの影響を受けないように、通風筒という円筒の中に入っています。

▶ **日照計**

太陽の光があたる時間を観測します。円筒の中に入っている反射鏡が30秒で1回転し、反射した太陽の光をセンサーが感知することで、日照時間を観測します。

▶ **雨量計**

内部に「転倒ます」というシーソー状の装置があり、雨水が片方のますに一定量たまるとかたむき、それを排出してもう片方のますにたまるようになります。これをくり返し、10分間や1時間の転倒回数を数えて、雨量を測ります。

メモ：アメダスは、「Automated Meteorological Data Acquisition System」の頭文字をとって名づけられました。

高層気象観測

大気現象は、成層圏の影響を受けることもあります。より正確な天気予報をするためには、高層のようすまで観測することが重要です。上空の気象観測には、ラジオゾンデやウィンドプロファイラなどの観測器が利用されています。

▶ラジオゾンデ

ゴム気球に無線通信機をつけたものです。高度約30kmまでの気圧、気温、湿度などを測定します。日本では、全国に16か所ある観測地点で、1日に2回飛ばしています。

◀ウィンドプロファイラ

地上から上空の5方向(真上と東西南北)に向けて電波を発射し、風の乱れや雨つぶなどによって散乱・反射された電波を受信することで、最大約12kmまでの高さの風向・風速を観測できます。全国の33地点に設置されています。

レーダーによる観測

気象レーダーは、半径数百kmもの広い範囲の雨や雪の強さを観測できます。現在、気象レーダーは全国20か所に配置されていて、集中豪雨や竜巻をもたらす積乱雲の動きも監視しています。

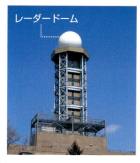

▶東京管区気象台が管理する東京レーダー(千葉県柏市)。レーダードーム内に気象レーダーが設置されています。

◀気象レーダー

気象レーダーはアンテナを回転させながら電波を発射して、広い範囲の降水や降雪を観測する装置です。発射した電波は、雨や雪などのつぶに反射され、もどってきます。電波がもどってくるまでの時間で雨や雪のつぶまでの距離がわかり、もどってきた電波の強さで降水や降雪の強さがわかります。また、発射した電波と反射されてもどってきた電波の周波数のちがいから、雲の中の風の動きも観測できます。

気象衛星による観測

気象衛星には、赤道上を1日で周回するので地上からは止まって見える「静止気象衛星」と、北極と南極を南北方向に通過する「極軌道気象衛星」があります。日本は「ひまわり」という静止気象衛星を運用しており、東アジアと西太平洋地域の雲や水蒸気、上空の風、火山灰、海面の温度などを撮影し、観測しています。

▲ひまわり8号・9号。

衛星観測画像の種類

気象庁のホームページで10分ごとに公開される気象衛星の画像には、可視画像、赤外画像、水蒸気画像の3つがあります。

◀可視画像

地球の表面や雲によって反射された太陽の光をとらえます。発達した厚い雲ほど光をよく反射するため白く写り、昼間の雲のようすを知るのに役立ちます。

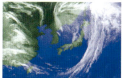

◀赤外画像

雲から放射される赤外線をとらえます。高度が高く温度が低い雲ほど白くなります。夜も撮影できますが、雨をふらせる雲とそうでない雲の区別がむずかしい場合があります。

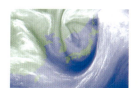

◀水蒸気画像

大気中の水蒸気と雲から放射される赤外線をとらえます。水蒸気が多いところは白っぽく、かわいたところは黒っぽくなります。夜間も利用することができます。

海洋気象観測

日本は海に囲まれた島国のため、海水温や海上の風向・風速などのデータが天気予報に欠かせません。海洋気象観測船は、気温や風速を観測するだけでなく、地球温暖化の原因とされる二酸化炭素や海水中の汚染物質なども観測しています。

▲海洋気象観測船・啓風丸。気象庁では、啓風丸と凌風丸の2せきの観測船を使って、定期的に海洋観測を行っています。

◀漂流型海洋気象ブイロボット

気象庁では、海上での安全を確保するために、気象観測用の漂流ブイ(浮き)を使って、外洋の波のようす、水温や気圧をリアルタイムで観測しています。直径46cmの球体から通常3時間ごとに観測データが送信されます。

メモ 主な空港には、航空機の安全な運行のために航空気象台や航空測候所が設置され、空港周辺の大気の状態を観測しています。

コンピュータが明日の天気を予測する
天気予報

わたしたちの日々のくらしに欠かせない天気予報。さまざまな観測方法によって集められた気象の情報と、気象観測に関わる人びとによって、天気予報はつくられています。天気予報のつくられ方、種類、用語を紹介します。

天気予報のつくられ方

①気象観測データの収集

天気は、気温や風向・風速、気圧などさまざま要素から成り立っています。そのため、地上、高層、海上、衛星といったさまざまな場所で気象観測が行われています。また、遠い外国の気象が数日後には日本に影響をもたらすので、外国の気象台で観測されたデータもリアルタイムでとどきます。こうして観測された大量の気象情報が、気象庁に集められています。

レーダー気象観測

気象衛星観測

（世界中の観測データ）
全球通信システム

航空気象観測

海洋気象観測

地上気象観測

ウィンドプロファイラ観測

高層気象観測

◀気象だけでなく、火山や地震などの監視も行われています。

②データの解析と予測

気象観測データは、気象庁のスーパーコンピュータに集められています。スーパーコンピュータは地球の大気を多数の細かい格子で区切り、世界中から送られてきた観測データをもとに、ひとつひとつの格子の気圧や気温、湿度、風向・風速などを決定します。さらにこの、現在の大気の状態が、風や太陽熱、水蒸気が雨つぶになる条件などによって、たとえば1日後、あるいは2日後にどう変わるかを計算して、天気図などの目に見える形にします。これを「数値予報」といいます。

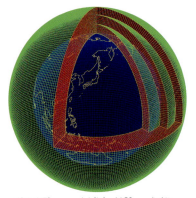
▲数値予報では、地球上を何層もの立体的な格子で区切り、そのひとつひとつの格子の気温や気圧などの観測データをコンピュータで計算しています。

気象資料総合処理システム（COSMETS）

▲気象庁。2018年6月から新しいスーパーコンピュータが導入されて、予測の精度が大幅に向上します。

③気象情報の発表・提供

スーパーコンピュータによる数値予報の予測結果をもとに、気象庁の予報官が天気予報や台風情報などを発表しています。発表された気象情報は、気象業務支援センターを通じて、民間の気象会社、テレビやラジオなどの報道機関、国の防災機関や地方自治隊、鉄道会社や航空会社などに広く提供されています。

天気図の作成
観測データから、前線や気圧配置などを示した天気図を作成します。

天気予報の作成
数値予報による予測天気図に実際の天気のうつり変わりを考えに入れて、予報官が天気予報をつくり発表します。

気象業務支援センター
さまざまな気象データを民間の気象会社などに提供します。

天気図や天気予報を船舶会社、航空会社、鉄道会社、国の防災機関や地方自治体に提供します。
また、ホームページにも掲載され、だれでも見ることができます。

 数値予報は時間間隔が長いほど誤差が大きくなるので、正確な予報を出すためには予報官の経験と知識が欠かせません。

天気予報の種類

気象庁が発表する天気予報には、予報する期間の長さや使われる目的などの面から、さまざまな種類があります。たとえば、テレビやラジオなどでふだん聞く天気予報とは「府県天気予報」のことです。

天気予報は気象庁が発表する「防災情報」のひとつです。気象や天気予報以外にも、地震・津波、火山のほか、黄砂情報や紫外線情報なども発表されていて、日々の生活に役立っています。（各予報の時間は、2018年5月現在のものです）

府県天気予報
地域ごとの今日・明日・明後日の天気、風、波、明日までの6時間ごとの降水確率、最高・最低気温が、毎日5時、11時、17時に発表されます。

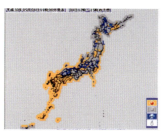
天気分布予報
全国を1辺20kmの正方形のマス目に分けて、そのマス目ごとに24時間先までの天気、気温、降水量などを予報するもので、色別で表されます。

地域時系列予報
地域ごとの24時間先の天気、風向・風速、気温を3時間ごとに予報するものです。毎日5時、11時、17時に発表されます。

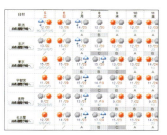
週間天気予報
中期予報ともよばれます。発表日の翌日から1週間先までの毎日の天気、降水確率、最高・最低気温を1日2回、11時と17時に発表しています。

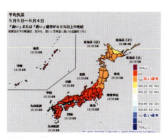
季節予報
長期予報ともよばれ、1か月予報、3か月予報、暖候期予報（6〜8月）、寒候期予報（12〜2月）があります。予報区ごとの平均気温、降水量などの大まかな傾向がわかります。

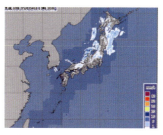
降水短時間予報
気象レーダーとアメダスのデータをもとに、1時間ごとの降水量を6時間先（2018年6月から15時間先の予定）まで予報します。30分ごとに発表されています。

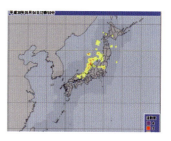
レーダー・ナウキャスト
気象レーダーのデータをもとに、5分ごとの雷の発生・活動度を1時間先まで予報します。雷のほかに降水と竜巻の予報があり、高解像度降水ナウキャストもあります。

天気予報のことば

テレビやラジオで天気予報を聞いてみましょう。「豪雨」「土砂災害」など聞きなれないことばだけでなく、「ときどき」や「朝」など、ふだん使うことばでも独自の意味が決められているものもあります。正しい意味を知って、天気予報を正しく理解しましょう。

時間をあらわす用語

予報用語では、「数日」や「未明」など、日ごろあいまいに使われがちなことばにも決まった使い方があります。「数日」といえば、「4〜5日ぐらいの期間」として使われます。1日の時間がどのようによばれているのか、右の表のようにまとめることができます。

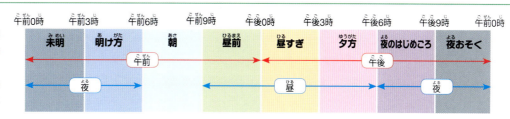

降水確率

ある時間帯に1mm以上の雨や雪がふる確率を「降水確率」といいます。たとえば、午前0時から正午までの降水確率が40%というのは、同じ気象条件の日が100日あるとき、0時から正午までに1mm以上の雨がふる日が40日あるという意味です。確率の大小と雨の強弱とは関係がなく、確率10%でも、強い雨がふる場合もあります。

時間の経過をあらわす用語

どのぐらいその天気の状態が続くかによって、「ときどき」と「一時」が使い分けられています。また、「雨のち晴れ」などの「のち」は、天気が完全にうつり変わることをあらわしています。

▲「くもり一時雨」
予報期間の4分の1未満の時間（24時間なら6時間未満）に、切れ目なく雨がふること。

▲「くもりときどき雨」
予報期間の2分の1未満の時間（24時間なら12時間未満）に、雨がとぎれながらふり続くこと。

メモ 国家試験に合格し気象庁長官が登録した人が気象予報士です。テレビなどの天気予報は、気象予報士が主に伝えています。

LIVE eco 情報ページ

天気、風、気圧がひと目でわかる
天気図の読み方

気象観測所で観測されたデータをひとつの地図上にまとめた気象情報を「天気図」といいます。テレビや新聞で見る天気図の見方がわかると、現在の気象のようすを知るだけでなく、今後の天気の予測にも役立ちます。

低気圧
まわりよりも気圧が低い場所です。低気圧の周辺は天気が悪くなることが多く、天気図ではその中心付近に「低」、または「L」と書かれます。

高気圧
まわりよりも気圧が高い場所のこと。高気圧が来ると天気がよくなることが多く、天気図ではその中心付近に「高」、または「H」と書かれます。

気圧
大気から受ける圧力のこと。単位は「hPa（ヘクトパスカル）」といいます。高気圧や低気圧の中心や等圧線の上に示されます。

等圧線
気圧が同じところを結んだ線です。4hPaごとに細い線、20hPaごとに太い線が引かれています。重なることはありません。

前線
あたたかい空気と冷たい空気がぶつかる場所のこと。そのぶつかり方によって、温暖前線、寒冷前線、閉そく前線、停滞前線に分けられます（→91ページ）。

天気記号
その場所の天気を示す記号で、日本では20種類以上が使われています（右ページ）。実際に人が目で空を調べた天気がつけられています。

風力記号
天気図に使われるこの記号は、風力と同時に風向もあらわします。風力は羽のようにならんだ短い線の数が風力階級を示しています。

■ 気圧や前線をあらわす記号

記号	説明
「H」または「高」	高気圧
「L」または「低」	低気圧
TD・熱低	熱帯低気圧
T・台	台風
（赤半円）	温暖前線
（青三角）	寒冷前線
（赤青交互）	停滞前線
（紫）	閉塞前線

■ 天気記号

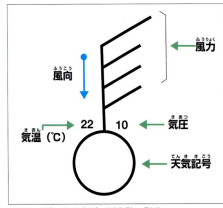

▲天気記号は天気図上の各地点の天気のようすをあらわすものです。風向、風力、気温、気圧、天気がひとつにまとまっています。

■ 風向

風向は「風の向き」のことですが、風がふいていく方向ではなく、風がふいてくる方向を示します。つまり、「北の風（北風）」といったときは北からふいてくる風をあらわしています。風向はふつう、下のような16方位であらわされます。

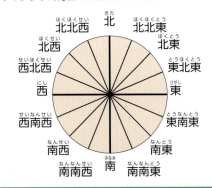

📝メモ　天気図をつくり、変化を追跡すれば暴風雨の襲来を予測できることから、1858年にフランスではじめて天気図がつくられました。

■ 天気の記号

天気の記号	天気	空のようす
○	快晴	雲量0〜1の状態です。
◐	晴れ	雲量2〜8の状態です。
◎	くもり	雲量9〜10の状態です。
●	雨	空から水滴がふっている状態です。
●キ	霧雨	霧のような細かい雨がふっている状態です。
●ツ	雨強し	1時間に15mm以上の雨がふっている状態です。
●ニ	にわか雨	急にふり始めて急に終わるような雨がふっている状態です。
⊛	雪	空から氷の結晶がふっている状態です。
⊛ツ	雪強し	雪が強くふっている状態です。
⊛ニ	にわか雪	急にふり始めて急に終わるような雪がふっている状態です。
⊝	みぞれ	雨と雪がまざってふります。

天気の記号	天気	空のようす
⊙	霧	小さな水滴が空気中にうかんで、1km先が見えない状態です。
△	あられ	直径5mm未満の氷のつぶがふります。
▲	ひょう	直径5mm以上の氷のつぶがふります。
⊖	雷	雷が光ったり鳴ったりします。
⊖ツ	雷強し	雷が強く光ったり鳴ったりします。
∞	えんむ	空気中にかわいた小さなつぶがういて、空気が白っぽくにごる状態です。
Ⓢ	さじんあらし	ちりや、すなが強風ではげしくふき上げられた状態です。
⊕	地吹雪	地面につもった雪が風でまい上がります。
Ⓢ	ちりえんむ	風でふき上げられたちりや、砂が風のおさまったあとも空気中にういている状態です。
⊗	天気不明	天気の観測がなかったときなどです。

■ 風力の記号

風速は1秒間に空気が移動する距離（m/秒）であらわし、下の表のように風力階級に対応しています。

階級と記号	風速（m/秒）	陸上のようす
0	0.0〜0.3未満	けむりがまっすぐにのぼる。静か。
1	0.3〜1.6未満	けむりのなびくことで、やっと風向がわかる。
2	1.6〜3.4未満	顔に風を感じる。木の葉が動く。
3	3.4〜5.5未満	木の葉や細い小枝がたえず動く。軽い旗が開く。
4	5.5〜8.0未満	砂ぼこりが立ち、紙がまい上がる。木の小枝が動く。
5	8.0〜10.8未満	葉のついた木がゆれ始める。池や沼の水面に波頭が立つ。
6	10.8〜13.9未満	木の大枝が動く。電線が鳴る。かさがさしにくい。
7	13.9〜17.2未満	木全体がゆれる。風に向かうと歩きにくい。
8	17.2〜20.8未満	木の小枝が折れる。風に向かうと歩けない。
9	20.8〜24.5未満	人家のえんとつがたおれたり、かわらがはずれたりする。
10	24.5〜28.5未満	木が根こそぎたおれ、人家に大損害が起きる。
11	28.5〜32.7未満	町全体にわたり、大破壊が起こる。
12	32.7以上	かわらや小石が木の葉のように飛び、木の枝がかべにつきささる。

天気予報の種類

新聞やテレビで見る天気図は、「速報天気図」や「予想天気図」とよばれるものです。それ以外にも、目的や用途によってさまざまな天気図がつくられています。

▲速報天気図
日本周辺の地上天気図。3時間ごとにつくられます。テレビやラジオ、新聞、インターネットなどで発表される、一般利用者向けの天気図です。

▲アジア天気図
日本周辺だけでなく、アジア東部から北西太平洋にかけての広い範囲を対象とする地上天気図。航海中の船舶関係者の安全のために、濃霧や強風といった海上警報の発表状況なども掲載されています。

▲高層天気図
上空の気象状態を描いた天気図。300hPa、500hPaなど等しい気圧ごとにつくるので同じ気圧の地点をむすんだ等高度線による天気図になっています。大気の状態が安定しているのかなど、地上の気象への影響をくわしく知ることができます。

▲予想天気図
アジア天気図と同様の広い範囲を対象とした地上天気図で、こちらも国外の気象業務を行う機関や、船舶、航空機にも利用されます。9時と21時の観測をもとに、観測した時刻から24時間後と48時間後の気象状況を予想してつくられます。

メモ 天気図は自分で書くこともできます。NHKラジオの気象通報を聞き、市販の天気図用紙に各地の天気記号や等圧線を記入します。

天気の変化を記録する
観察してみよう！

⚠ カメラごしに太陽を見てはいけません。直接太陽を見なくても、目をいためてしまう可能性があるので観察には十分注意しましょう。

身近な天気が変わるようすを調べることで、天気のことがもっと深くわかるようになります。
雲を観察すれば、天気のうつり変わりがわかります。気温や湿度といったデータも毎日同じ時間に測定できるとなおよいですが、主に雲の観察をして天気が変化した理由を考えてみましょう。

天気を調べてみよう

気象観測をするうえで、目の前の天気がどんな状態なのか記録しておくことはもっとも重要なことです。「天気記号」（→133ページ）では、天気は21種類もありましたが、基本的なものは、快晴、晴れ、くもり、雨、雪、みぞれ、霧、あられ、ひょう、雷の10種類ほどです。とくに「晴れ」か「くもり」かは、雲の量で決められています。

雲の量を調べる

天気が、晴れなのかくもりなのかは、雲が空全体の何割くらいをおおっているかで決まります。空全体を10としたときの雲の量（雲量）で判断します。雲がまったくなければ「雲量0」で、空が完全に雲におおわれていたら「雲量10」になります。まずは、観察する日の天気が何か、雲の量を観察してみましょう。最初のうちは、0から10までの11段階に分けるのはむずかしいかもしれません。その場合は、「快晴」「晴れ」「くもり」の3段階から始めてみましょう。

快晴	雲量が0〜1の状態
晴れ	雲量が2〜8の状態。雲量0〜8の状態を天気予報では「晴れ」という
くもり	雲量が9〜10で、雨や雪がふっていない状態

天気予報を調べておこう

雲を発見したとき、あらかじめ天気予報をチェックしておくと、雲の正体を知るうえで手がかりになることがあります。テレビや新聞などのほか、インターネットでは気象庁のホームページでいつでも最新の天気予報を見ることができます。天気予報を見て、どんな前線が近づいているのか、上空をおおうのは高気圧か低気圧かなどの情報をさがしてみましょう。また、天気予報を調べておくことで、雷や台風など危険な天気の日には外出をひかえることも重要です。

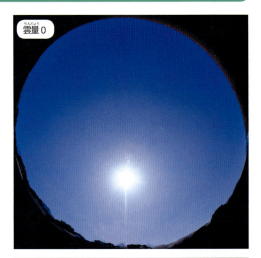
雲量0

雲量6

雲量9

雨の量を調べてみよう

雨がふっている場合は、1時間にふる雨の量を調べてみましょう。雨のふる量は「降水量」といい、容器にためた雨の水位で調べることができます。なるべく大きな容器で雨をため、水がたまった高さを測ります。単位はミリメートル（mm）であらわします。

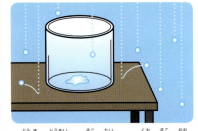
▲容器は透明で、底が平らで、口と底の大きさが同じものを用意しましょう。円筒形でなくてもよいです。また、はねた雨水が容器に入らないように注意しましょう。

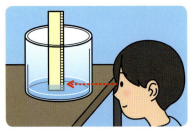
▲1時間後、容器の外側か内側に定規をあて、水平な面にたまった雨の水位を測ります。1時間に20mm以上ふれば、「強い雨」とされています（→113ページ）。

📝メモ　降水量を調べるとき、容器を置く台はできるだけ水平になるように、また、がたつかないように注意しましょう。

雲の記録をつけよう

雲は、ひとつとして同じ形になりません。毎日同じ場所で見ていても、空はちがった姿を見せてくれます。いつ、どの方角にどんな雲があらわれたのか観察して、その理由をさぐってみましょう。

雲を観察しよう

まずは、家の近くで雲が見やすい場所を探しましょう。毎日同じ時間、同じ場所で観察したり、ときには1日に見える雲の変化を記録したりします。同じ場所で雲の変化をスケッチしたり、カメラで写真をとっておくのも便利です。ただし、晴れた日に撮影する際、太陽を直接見たり、カメラで太陽を見るのはとても危険なので気をつけましょう。

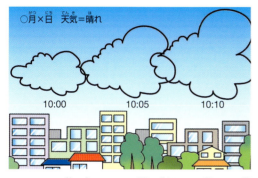

▲にゅうどう雲を見つけたら、同じ場所から5分おきに雲の形をスケッチして、変わり方をまとめてみましょう。形や大きさがどのように変化していくのか、また、その後の天気がどうなるのか調べてみましょう。

▲特ちょうのある雲を見つけたら、デジタルカメラやスマートフォンで撮影してみましょう。そのとき雲の種類がわからなくても、あとで図鑑などで調べることができます。雲の写真を撮影するときは、地平線や周囲の風景も少し入ると、方角、雲の高さや大きさ、広がりなどがわかりやすくなります。

▲朝、たくさんの層積雲が流れてきたので、同じ場所で雲を観察してみました。午前中には、まだ雲の間から青空が見えていますが、正午には雲がどんどん発達して、青空が少なくなってきました。午後1時には、青空が見えなくなり、空一面を雲がおおってしまいました。

記録をつけよう

雲を観察してスケッチしたり、写真をとったりしたら、写真の場合はプリントアウトして、撮影した日の天気図といっしょにノートにまとめてみましょう。天気図や気象衛星画像は、気象庁のホームページで見ることができます。

▲気象庁ホームページには、「天気予報」や「天気図」などの項目があり、そのほか、気象衛星画像もあります。

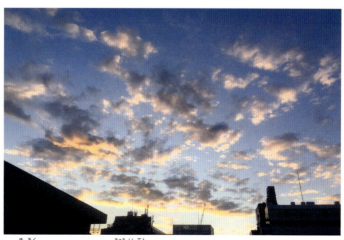

▲記録をつけるときの注意点
● 日付・時刻・撮影場所・方角を記す。
● 気温や湿度を調べる。
● 天気図をはりつける。
● 雲の変化や風のようす、雲が移動する速さなど気がついたことを書きとめる。

メモ 雲のようすや天気図を記録し続けていくうちに、明日の天気がどうなるか、ある程度の予測ができるようになります。

被害を最小限にするために
そなえよう！

「天災は忘れたころにやってくる」と言ったのは物理学者の寺田寅彦（1878～1935年）でした。でも、本当に忘れてしまったら大雨や強風のたびに大きな被害が発生して大変です。いつやってくるかわからない巨大台風や集中豪雨には、堤防や救援体制の整備が欠かせませんが、住民ひとりひとりの日ごろのそなえも必要です。

日ごろのそなえ

災害はとつぜんやってくるので、正しい行動をとれるかどうかはふだんからの準備にかかっています。家族で話し合う、非常持ち出しぶくろを用意するなど、できるところから少しずつ始めましょう。

◀ **ハザードマップで危険な場所を知っておく**
自治体が発表しているハザードマップをよく見て、近所に、大雨のとき水びたしになりそうな場所がないか、がけくずれが起きそうなところはないか、堤防が決壊しそうなところはないかなど、よく調べておきましょう。

▲洪水ハザードマップ（東京都・世田谷区ホームページより）

▶ **非常持ち出しぶくろを用意する**
飲み水や保存のきく食料、かい中電灯、ラジオなど、ひなんするときに必要なものをリュックに入れておきましょう。非常持ち出しぶくろとしてセットで売られているものを買ってもいいです。

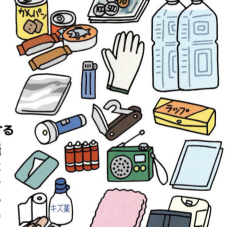

◀ 1年に1回は中身を点検して、電池や食料の期限が切れていないかなどをチェックしましょう。

● **食料・飲み物を用意**
災害時は電気や水道が止まって調理ができないことがあります。缶詰や乾パンなど、そのまま食べられるものや、長く保存できる水を3日分以上は用意しておきましょう。

● **家具などを固定する**
地震などで本だなやたんすがたおれ、下じきになったり出口をふさがれたりすると、ひなんもできなくなります。たおれそうな家具には動かないように固定する道具をつけておきましょう。

● **家族で話し合う**
ふだんから、災害が起こったときの行動を相談し、ひなん場所を確認しておこう。また、家族が別々にひなんする場合の連絡の取り方などを話し合って決めておこう。

メモ：ハザードマップは、国土交通省の「わがまちハザードマップ」というホームページから市町村名を選んでダウンロードできます。

台風へのそなえ

台風は大雨にくわえて非常に強い風がともないます。台風が近づいたら気象庁が発表する台風情報や注意報・警報などに注意しましょう。強風で看板などが落ちてきたり、ものが飛んできたり、川の増水で水があふれたりすることがあるので、避難の必要がなければ外には出ないようにしましょう。

●雨戸をしめる
強い風でものが飛んでくることがあります。窓ガラスがわれないように、雨戸をしめましょう。雨戸がないときは、窓ガラスがわれて飛びちらないように内側からテープをはって補強しましょう。

●飛ばされそうなものをしまう
庭やベランダの植木ばちやものほしざおなどを家の中に入れておきましょう。

●断水・停電にそなえる
飲み水を用意し、トイレなどに使うために、ふろおけに水をためておきましょう。かい中電灯や携帯ラジオを用意しましょう。

◀地震や台風のとき、家の外では、電線、ビルの窓ガラス、看板、かわら、ブロックべいなどにも注意しましょう。

竜巻へのそなえ

大気が非常に不安定なとき巨大な積乱雲が発生し、竜巻も発生しやすくなります。同時に局地的大雨や雷も起きやすいので、気象庁のレーダー・ナウキャストなどを注意して見ることが大切です。

●地下室や家の中心に集まる
窓の近くは、ものが飛びこんでくるかもしれないので、できるだけはなれましょう。上の階にいるときは1階までおり、建物の中心にある部屋や窓のない部屋などににげましょう。

●雨戸・シャッターをしめる
竜巻がくるまでの時間にゆとりがあれば、雨戸やシャッターはすべてしめておく。

●机の下にもぐる
じょうぶな机などの下にもぐり、クッションやふとんなどで頭と首をしっかりおさえます。

●外にいるときは
電柱や木は、たおれるので近づかないようにして、じょうぶな建物に入りましょう。間に合わなければ、水路やくぼみにふせて、頭を守ります（これはどうしようもないときの最後の方法です）。

もしものときは

●災害伝言ダイヤル（171）
大災害によりふつうの電話がつながらないとき、災害用伝言ダイヤル（局番なしの171）に伝言を録音したり、WEB171（災害用伝言版）に登録すると、遠くにいる家族や友だちに連絡ができます。

▲171に電話をかけて、音声ガイダンスにしたがってダイヤルすると録音または再生ができます。

▲災害時に利用者がインターネットを経由して伝言を登録するものです。

メモ 災害用伝言ダイヤルと災害用伝言板は大災害が発生したときだけ（たとえば地震なら震度6弱以上のとき）開設します。

さくいん

この本に出ている気象に関する用語、人名などを、アイウエオ順にならべ
ています。
※くわしい解説があるページは、太字で表しています。

ア

アイスモンスター	57
青空	**64**
赤い月	**73**
赤城おろし	87
秋雨前線	51・90・**104**・117
秋の長雨	**104**
秋晴れ	**104**
朝日	63・74
朝焼け	**62-63**
アジア天気図	133
アスペラトゥス雲 →アスペリタス雲	
アスペリタス雲	21・24・**37**
あたたかい雨	**50**
アーチ雲	26・27・**37**
暑さ指数	113
穴あき雲	19・21・24・**37**
亜熱帯ジェット気流	85・112
あま雲	17・23
アメダス	117・**128**
あられ	27・**50**・133
アレキサンダーの暗帯	61

イ

伊勢湾台風	**94**
一年氷	126
移動性高気圧	88・101・104・106
稲妻	55・57
移流霧	**49**
いわし雲	17・19
隕石	124-125

ウ

ウィンドプロファイラ	129
ウォールクラウド	27・**38**・39

（中段）

浮島現象	66・**67**
雨水	**99**
うす雲	17・19・20
内かさ	71
うね雲	17・24
うろこ雲	17・19
雲海	**41**
雲量	**134**

エ

映日	**73**
衛星観測画像	129
Fスケール	**97**
エルニーニョ現象	**110-111**・112
遠雷	**55**

オ

扇形角板(結晶)	53
大地震	**125**
小笠原気団	88
オゾン層	80・**81**
オホーツク海気団	88
オホーツク海高気圧	88・102・112・117
おぼろ雲	17・22・35
おぼろ月	22
御神わたり	45
おろし	87
オーロラ	**68-69**・80-81
温室効果	**83**
温室効果ガス	83・122-123・127
温帯低気圧	89・93・100・116
温暖前線	15・23・49・**90-91**

カ

下位しんきろう	66・**67**
海水面の上昇	123
快晴	64・133
回折	72
海風	**87**
海洋気象観測船	129
かぎ状雲	18・**30**
火球	80
角柱(結晶)	53
角板(結晶)	53
角板つき六花(結晶)	53
かげろう	67
下降気流	29・35・37・39・**86**・88-89・93
火災雲	40
火砕流	125
笠雲	**41**・72・76
風花	**52**
火山灰	75・125
火山噴火	40・125
火山雷	**75**
過剰虹	**61**
化石燃料	11・123
下層雲	17
滑昇霧	49
かなとこ	28
かなとこ雲	27・28・32・**36**
株虹(無虹)	**61**
雷	27・28-29・32・39・**54**・75・133
かみなり雲	9・17・27
過冷却水	19・50
カルマンうず	**57**
乾湿温度計	113
冠水	**114**
環水平アーク	**71**
間接循環	84

寒帯前線ジェット気流 ——— 85
環天頂アーク ——— **71**
観天望気 ——— **76**
寒波 ——— 7・**107**・118-119
寒冷前線 ——— **90-91**・100
寒露 ——— **99**

キ

気圧 ——— 15・43・47・81・**86**・92・95・132
気候変動 ——— **126**
気象衛星 ——— 57・129
気象予報士 ——— 131
気象レーダー ——— **129**
季節風 ——— **87**・107・118
季節予報 ——— 131
気団 ——— 88
狐のよめ入り ——— 51
急速に発達した低気圧 ——— **119**
極循環 ——— **84**
極成層圏雲 →真珠母雲
局地的大雨 ——— 97・**114-115**
局地風 ——— **87**
極中間圏雲 →夜光雲
極偏東風 ——— 84
極偏東風帯 ——— **85**
霧 ——— 25・**48**・49・57・133
きり雲 ——— 17・25
霧雨 ——— 25・**51**・133
霧状雲 ——— 20・25・**31**
霧虹 ——— 61
緊急地震速報 ——— 125

ク

クジラの尾 ——— 103
屈折 ——— 60

雲つぶ（雲のつぶ）- **14**・15・26・40・47
くもり雲 ——— 17・24
グリーンフラッシュ ——— **74**
黒っちょ ——— 38

ケ

けあらし ——— 49
啓蟄 ——— **98**
K-H波雲 →ケルビン・ヘルムホルツ波雲
夏至 ——— **98-99**
月虹 ——— 56・**72**
月光環 ——— 72
月光柱 ——— 70
結露 ——— 48
ゲーリッケ ——— 43
ゲリラ豪雨 ——— 108・**114**
ケルビン・ヘルムホルツ波雲
——— 18・21・24・25・26・**37**
巻雲 ——— 16・17・**18**・19・20・30・31・34・35・36・37・91
元寇 ——— 43
幻日 ——— **70**・71
幻日環 ——— 71
巻積雲 ——— 16・17・18・**19**・21・30・31・34・35・36・37・40・72・91
巻層雲 ——— 17・**20**・22・30・31・34・35・36・76・91

コ

航海薄明 ——— **63**
光化学スモッグ ——— **121**
光環（光冠） ——— 59・72
高気圧 ——— 78・84・86・**88-89**・101・132
航空気象台 ——— 129
黄砂 ——— 101・**121**

降水雲 ——— 22・23・24・25・26・27・36・**37**
降水確率 ——— 131
降水短時間予報 ——— 131
降水量 ——— 51・134
高積雲 ——— 17・19・**21**・30・31・34・35・36・37・40・91
豪雪 ——— 7・**118-119**
高層雲 ——— 17・18・20・**22**・23・31・34・35・36・37・38・91
高層気象観測 ——— 129
高層天気図 ——— 133
光芒 ——— 24・**73**
紅葉前線 ——— **105**
氷あられ ——— 52
氷のつぶ ——— 14・18・20・27・29・34・37・44・50・70-71・73・75
木枯らし ——— **105**
穀雨 ——— **98**
国際雲図帳 ——— 20・30・36・40
こごり雲 ——— 38
粉雪 ——— **52**
小春日和 ——— **106**
御幣状（結晶） ——— 53
コリオリの力 ——— 84
コロンブス ——— 42

サ

彩雲 ——— 21・35・59・**72**
災害伝言ダイヤル ——— 137
災害用伝言板 ——— 137
サイクロン ——— 93
再生可能エネルギー ——— 123
細氷 ——— **75**
サクラ前線 ——— **100**
雑節 ——— **99**
里雪 ——— **118**

139

さば雲 ——— 17・19・34
サンゴの白化 ——— 123
酸性雨 ——— 121

シ

ジェット気流 ——— 7・18・85
四角い太陽 ——— 74
四季 ——— 98-107
時雨 ——— 51
時雨虹 ——— 61
地すべり ——— 117
地吹雪 ——— 56・133
シベリア気団 ——— 88
シベリア高気圧 ——— 88・101
市民薄明 ——— 63
霜 ——— 47・48
霜柱 ——— 49
種(雲の分類) ——— 16・30
しゅう雨 ——— 51
週間天気予報 ——— 131
集中豪雨 ——— 7・108・111・116
秋分 ——— 99
樹枝状六花(結晶) ——— 53
樹枝つき角柱(結晶) ——— 53
10種雲形 ——— 16-27・30
主虹 ——— 61
樹氷 ——— 57
春分 ——— 98-99
上位しんきろう ——— 66・67
小寒 ——— 99
蒸気霧 ——— 49
小暑 ——— 98
上昇霧 ——— 49
上昇気流 ——— 14・15・26-29・31-32・38-40・50・86・89・92・96-97
小雪 ——— 99
上層雲 ——— 17

小満 ——— 98
消滅飛行機雲 ——— 40
小惑星 ——— 125
初見日 ——— 103
処暑 ——— 98
不知火 ——— 67
白虹 ——— 61
しんきろう ——— 66-67
人工雪 ——— 52
真珠母雲 ——— 33
浸水 ——— 114

ス

水害 ——— 116
水蒸気 ——— 14・21・29・33・40・44・47-48・53・82・107
数値予報 ——— 130
スーパーコンピュータ ——— 130
スーパーセル ——— 39・96・108
スーパー台風 ——— 6・94-95
すきま雲 ——— 21・24・35
ずきん雲 ——— 26・27・38
すじ雲 ——— 17・18・95
スプライト ——— 75・80
スモッグ ——— 121

セ

西高東低 ——— 101・104-106
成層圏 ——— 27・28・33・36・42・75・80・81・85
清明 ——— 98
世界気象機関(WMO) ——— 20・30・36・40
積雲 ——— 16・17・24・26・27・28・30・32・34・35・36・37・38・40・51・76・90-91・107・118

赤外線 ——— 49・82-83
赤道気団 ——— 88
赤道無風帯 ——— 85
積乱雲 ——— 8・16・17・23・26・27-29・30・32・34・36・37・38・39・51・54・75・80・90-92・96・102-103・107・110・115-116・118
赤気 ——— 69
節分 ——— 99
線状降水帯 ——— 116
前線 ——— 78・90-91・132
前線霧 ——— 49
せん熱(潜熱) ——— 83・87・92

ソ

層雲 ——— 17・24・25・30・31・32・34・35・36・37・40・41・51
霜降 ——— 99
層状雲 ——— 19・21・24・31
層積雲 ——— 17・24・25・26・30・31・34・35・36・37・41・91
側方しんきろう ——— 67
速報天気図 ——— 133
外かさ ——— 71

タ

大寒 ——— 99
大気汚染 ——— 11・120-121
大気が不安定 ——— 89・114-115
大気光 ——— 75
大気の成分 ——— 81
大気の大循環 ——— 84
大暑 ——— 98
大雪 ——— 99
台風 ——— 19・51・92-95・116-117・137
台風の目 ——— 92

タイフーン ——————— 93

太平洋高気圧 ——— 88・95・102-104・
　　　111・112・117

ダイヤモンドダスト ——— 75

太陽柱 ——————— **70**・73

太陽風 ——————— 68-69

対流雲 ——————— 17

対流圏 ——— 28・33・36・39・75・
　　　78・**80**・81・85

ダウンバースト ——————— **97**

高潮 ——————— **94-95**

滝雲 ——————— **41**

だし ——————— 87

たそがれ ——————— 63

竜巻 — 8・27・29・37・39・**96-97**・135

谷風 ——————— **87**

多年氷 ——————— 126

多毛雲 ——————— 27・**32**

だるま太陽 ——————— **67**

タンジェントアーク ——— 71

暖冬 ——————— 111

断片雲 ——————— 25・26・**32**

チ

地域時系列予報 ——————— **131**

地下水 ——————— 46

地球影 ——————— **74**

地球温暖化 — 95・111・113・**122-123**

ちぎれ雲 — 22・23・26・27・32・**38**

チベット高気圧 ——————— 112

中間圏 ——— 33・75・**80**・81

中秋の名月 ——————— 105

中層雲 ——————— 17

長江気団 ——————— 88

調整池 ——————— 115

ツ

つむじ風 ——————— 96・**97**

冷たい雨 ——————— 50

梅雨 ——————— 51・**102**

露 ——————— **48**

梅雨寒 ——————— 88

つるし雲 ——————— **41**・72

テ

低緯度オーロラ ——————— **69**

低気圧 ——— 18-20・22・78・84-86・
　　　88-89・100-101・103-104・106・
　　　118-119・132

停滞前線 ——————— **91**・102・104

テイルクラウド ——— 27・**38**・39

てっぽう水 ——————— **114**

テレコネクション ——————— 111

天気雨 ——————— **51**

天気記号 ——————— 132・133

天気分布予報 ——————— **131**

天泣 →天気雨

天気予報 ——————— 130・131・134

デング熱 ——————— **123**

天使のはしご ——————— **73**

天文薄明 ——————— 63

天われ ——————— **73**

ト

等圧線 ——————— **89**・132

凍雨 ——————— **51**

冬至 ——————— 99

塔状雲 ——— 18・19・21・24・**31**

都市型水害 ——————— **114-115**

土砂くずれ ——————— 117

土砂災害 ——————— 117

突風 ——————— 27・**97**

土用 ——————— **99**

ドロップゾンデ ——————— 95

ナ

中谷宇吉郎 ——————— 53

流れ星 →流星

なたね梅雨 ——————— 51・101

夏晴れ ——————— **103**

夏日 ——————— 113

ナポレオン ——————— 43

並雲 ——————— 26・**32**

南岸低気圧 ——————— **118**

南極 ——— 14・33・69・81・84

南高北低 ——————— 102-103

南中高度 ——————— 99

ニ

逃げ水 ——————— **67**

二酸化炭素の排出量 ——— 123

虹 ——————— **60-61**・72

二重雲 ——— 18・20・21・22・24・**35**

二十四節気 ——————— **98-99**

二重の虹 ——————— 61・72

二重富士 ——————— **74**

日暈 →日がさ

日光環 ——————— 72

二百十日 ——————— **99**

にゅうどう雲(積雲) ——— 17・26

にゅうどう雲(積乱雲)

　　————— 17・27・28・32

入梅 ——————— **99**

乳房雲 — 18・19・21・22・24・27・**36**

にわか雨 ——————— 51・133

141

ネ

熱気球（ねつききゅう） ——————— 42-43
熱圏（ねっけん） ——————— **80**・**81**
熱積雲（ねっせきうん） ——————— **40**
熱帯低気圧（ねったいていきあつ） ——— 15・**89**・92-93
熱帯夜（ねったいや） ——————— **113**
熱中症（ねっちゅうしょう） ——————— **113**

ノ

濃密雲（のうみつうん） ——————— 18・**30**
濃霧（のうむ） ——————— **49**
野分（のわき） ——————— 86

ハ

梅雨前線（ばいうぜんせん） ——— 51・88・90・102・117
バイカル湖（ばいかるこ） ——————— 45
爆弾低気圧（ばくだんていきあつ） ——————— **119**
薄明（はくめい） ——————— **63**・104-105
薄明光線（はくめいこうせん） ——————— 73
白露（はくろ） ——————— **99**
ハザードマップ ——————— **136**
波状雲（はじょうぐも） — 19・20・21・22・24・25・**34**
八十八夜（はちじゅうはちや） ——————— **99**
はちの巣状雲（はちのすじょうぐも） — 19・21・24・**35**
ハドレー循環（はどれーじゅんかん） ——————— **84**
花ぐもり（はなぐもり） ——————— **100**
ハムシーン ——————— 56
ハリケーン ——————— 79・93・95
針状（結晶）（はりじょう けっしょう） ——————— 53
春一番（はるいちばん） ——————— **100**
春がすみ（はるがすみ） ——————— **101**
春の嵐（はるのあらし） ——————— 101
ハワード（ルーク・）（はわーど） ——————— 16
半夏生（はんげしょう） ——————— **99**
半透明雲（はんとうめいうん） — 21・22・24・25・**35**

はんらん ——————— 116-117

ヒ

PM2.5（ピーエム） ——————— **120**
ピカール（オーギュスト・） ——————— 42
ピカール（ベルトラン・） ——————— 43
日がさ（ひがさ） ——————— 20・31・**71**・76
彼岸（ひがん） ——————— **99**
飛行機雲（ひこうきぐも） ——————— 34・**40**
非常持ち出しぶくろ（ひじょうもちだし） ——————— **136**
ひつじ雲（ひつじぐも） ——————— 17・21・**35**
ヒートアイランド現象（げんしょう） —— **113**・115
ビーナスの帯（おび） ——————— 74
ピナツボ火山（かざん） ——————— 124-125
ビーバーズテイル ——————— 27・**38**
ひまわり（気象衛星）（きしょうえいせい） —— 57・129
ひょう ——————— 8・27・29・**50**・133
氷河（ひょうが） ——————— 46・126
氷晶（ひょうしょう）→氷のつぶ（こおり）
漂流型海洋気象ブイロボット（ひょうりゅうがたかいようきしょう） ——————— **129**
避雷針（ひらいしん） ——————— 55
尾流雲（びりゅううん） — 19・21・22・23・24・26・
27・31・**36**

フ

風向（ふうこう） ——————— 132
風力記号（ふうりょくきごう） ——————— **132-133**
フェーズドアレイ気象レーダー（きしょう） —— 97
フェレル循環（ふぇれるじゅんかん） ——————— 84
フェーン現象（げんしょう） ——————— **87**・113
不快指数（ふかいしすう） ——————— 113
副虹（ふくにじ） ——————— 61
副変種（雲の副変種）（ふくへんしゅ くも ふくへんしゅ） —— 16・**36**
府県天気予報（ふけんてんきよほう） ——————— 131
房状雲（ふさじょううん） ——————— 18・19・21・**31**
藤田哲也（ふじたてつや） ——————— **97**

藤田スケール（ふじた）→Fスケール（エフ）

不透明雲（ふとうめいうん） ——— 21・22・24・25・**35**
吹雪（ふぶき） ——————— 56
冬将軍（ふゆしょうぐん） ——————— 43・106
冬日（ふゆび） ——————— 119
ブリザード ——————— 56
プリズム ——————— 60・74
ブロッケン現象（げんしょう） ——————— 72

ヘ

閉塞前線（へいそくぜんせん） ——————— **91**
ペニテンテ ——————— 57
ベール雲（ベールぐも） ——————— 26・27・**38**
変種（雲の変種）（へんしゅ くも へんしゅ） —— 16・**34**
偏西風（へんせいふう） —— 42・**85**・88・95・107・
118-119
偏西風帯（へんせいふうたい） ——————— **85**
扁平雲（へんぺいうん） ——————— 26・**32**

ホ

貿易風（ぼうえきふう） —— 42・84-85・95・110
貿易風帯（ぼうえきふうたい） ——————— **84-85**
放射霧（ほうしゃぎり） ——————— 48・**49**
放射状雲（ほうしゃじょううん） — 18・21・22・24・26・**35**
芒種（ぼうしゅ） ——————— **98**
砲弾状（結晶）（ほうだんじょう けっしょう） —— 53
暴風域（ぼうふういき） ——————— 95
暴風雨（ぼうふうう） ——————— 43・132
暴風雪（ぼうふうせつ） ——————— 118
飽和水蒸気量（ほうわすいじょうきりょう） ——————— 47
ホタル前線（ぜんせん） ——————— **103**
ぼたん雪（ぼたんゆき） ——————— **52**
北極（ほっきょく） ——————— 33・69・84-85

142

マ

マグデブルグの半球実験 —— 43
真夏日 —— 113
真冬日 —— 119
マラカイボの灯台 —— 57
万年雪 —— 46

ミ

ミスター・トルネード —— 97
みぞれ —— 53・133

ム

ムーンボウ —— 56・72
無毛雲 —— 27・32

メ

メイストーム —— 100・101

モ

毛細管現象 —— 49
猛暑 —— 112-113
猛暑日 —— 103・111・113
毛状雲 —— 18・20・30
もうれつな雨 —— 117
モーニンググローリー —— 31・56
もつれ雲 —— 18・34
もや —— 49
モンゴルフィエ兄弟 —— 42
モンスーン —— 87
問答雲 —— 35

ヤ

夜光雲 —— 33・80
山風 —— 87
山かつら —— 41
やませ —— 87・102
山雪 —— 107

ユ

雄大雲 —— 26・32
雄大積雲 —— 26・27・28
夕立 —— 27・51
夕日 —— 63・73-74
夕焼け —— 62-63
雪あられ —— 52
ゆき雲 —— 17・23
雪の結晶 —— 50・52-53

ヨ

揚子江気団 →長江気団
予想天気図 —— 133
予報円 —— 95

ラ

雷雨 —— 29・113
落雷 —— 9・54-55・113
ラジオゾンデ —— 80・129
ラニーニャ現象 —— 110-111・112
乱層雲 —— 17・22・23・25・34・35・36・37・38・91

リ

陸風 —— 87
立夏 —— 98

立秋 —— 98
立春 —— 99
立冬 —— 99
流星(流れ星) —— 80・125

レ

冷夏 —— 111・125
レイリー散乱 —— 65
レーダー・ナウキャスト —— 131
レンズ雲 —— 19・21・24・31

ロ

ろうと雲 —— 26・27・37・96
ロール雲 —— 21・24・31
ろっ骨雲 —— 18・34

ワ

わた雲 —— 17・26・76

[監修]	武田康男（気象予報士・空の写真家）

[指導・協力]	坪木和久（名古屋大学教授）〔4 章〕
[執筆]	岡本典明（株式会社ブックブライト）〔1 ～ 5 章〕
[装丁]	株式会社 東京100ミリバールスタジオ
[本文 AD]	菅 渉宇（スガデザイン）
[協力]	FROG KING STUDIO　鈴木進吾　学研辞典編集部　Emmanuel Chanial

[写真]	武田康男
	朝日新聞社　アフロ　アマナイメージズ　学研資料室　河江肖剰　神戸市建設局　国立天文台　田口吉夫さん撮影（p.9）　坪木和久
	Anthony Boccaccio/National Geographic Creative　Getty Images　NASA　ESA　Mick Petrof　Ron Blakey　編集部
	毎日新聞　読売新聞
[表紙写真]	武田康男　Getty Images　Shutterstock.com（Lisa S.／Fer Gregory／Mihai Simonia／Kichigin／science photo）
[CG・イラスト]	株式会社 NHK アート
	アキワシンヤ　大管雅晴　加藤愛一　上村一樹 / 上村秀樹（レンリ）　川下隆　喜屋武稔　黒木博　高品吹夕子（青橙舎）　富崎NORI
	中島みなみ　藤井康文　ふらんそわ～ず吉本　マカベアキオ　吉見礼司　JAXA

[資料提供]	気象業務支援センター　気象庁
[編集協力]	志村隆
[編集]	牧野嘉文

〈DVD 映像制作〉

[ナレーション]	比嘉久美子
[メニュー画面]	村上ゆみ子
[CG 制作]	株式会社 NHKアート
[映像・写真]	武田康男
[映像提供]	Getty Images　NASA　アフロ　アマナイメージズ　気象庁　湘南海上保安署　坪木和久（名古屋大学教授）　山田広幸（琉球大学准教授）
[制作協力]	田辺弘樹（シグレゴゴチ）

〈監修者プロフィール〉

気象予報士、空の写真家、大学非常勤講師、元高校教諭、第50次南極観測越冬隊員。

講演や講義、執筆、出演、撮影のほか、映像や写真を集めたサイト（http://skies4k.com）をつくっている。

著書に、『楽しい気象観察図鑑』、『すごい空の見つけかた』、『雪と氷の図鑑』、『世界一空が美しい大陸 南極の図鑑』（以上、草思社）、『雲の名前 空のふしぎ』、『不思議で美しい「空の色彩」図鑑』（以上、PHP 研究所）、『いちばんやさしい天気と気象の事典』（永岡書店）などがある。

〈主な参考文献〉

『一般気象学』小倉義光（東京大学出版会）	『雲のすべてがわかる本』武田康男監修（成美堂出版）
『よくわかる気象学　イラスト図解』中島俊夫（ナツメ社）	『雲の名前、空のふしぎ』武田康男（PHP 研究所）
『図解・気象学入門　原理からわかる雲・雨・気温・風・天気図』古川武彦（講談社）	『「雲」のコレクターズ・ガイド』ギャヴィン・プレイター＝ピニー（河出書房新社）
『NHK 気象・災害ハンドブック』NHK 放送文化研究所編（日本放送出版協会）	『「雲」の楽しみ方』ギャヴィン・プレイター＝ピニー（河出書房新社）
『身近な気象学』（日本放送出版協会）	『空の色と光の図鑑』斎藤文一（草思社）
『もしものときのサバイバル術』（学研）	『「空のカタチ」の秘密』武田康男（大和書房）
『地球・気象　ニューワイド学研の図鑑』（学研）	『楽しい気象観察図鑑』武田康男（草思社）
『雲と天気大事典』武田康男ほか（あかね書房）	『空の図鑑』武田康男監修（KADOKAWA）
『雲・天気』（学研）	『不思議で美しい「空の色彩」図鑑』武田康男（PHP 研究所）
『よくわかる！天気の変化と気象災害　1 ～ 5 巻』森田正光監修（学研）	『地球の超絶現象最驚図鑑』武田康男監修（永岡書店）
『いちばんやさしい天気と気象の事典』武田康男（永岡書店）	『トコトンやさしい異常気象の本』日本気象協会編（日刊工業新聞社）
『プロが教える気象・天気図のすべてがわかる本』岩谷忠幸監修（ナツメ社）	『知識ゼロからの異常気象入門』斉田季実治（幻冬舎）
『気象・天気の新事実』木村龍治監修（新星出版社）	『天気と気象　異常気象のすべてがわかる！』佐藤公俊（学研）
『雲を愛する技術』荒木健太郎（光文社）	『竜巻のふしぎ』森田正光・森さやか（共立出版）
『雲のカタログ　空がわかる全種分類図鑑』村井昭夫（草思社）	『竜巻　メカニズム・被害・身の守り方』小林文明（成山堂書店）
『雲のコレクション　雲を見る、知る、集める』古川武彦（洋泉社）	『わかる！取り組む！災害と防災　4 ～ 5 巻』久保純子ほか（帝国書院）
『新レインボー小学国語辞典』金田一秀穂ほか監修（学研）	

学研の図鑑 LIVE eco

異常気象
天気のしくみ

2018年7月10日　第1刷発行

発行人　黒田隆暁

編集人　芳賀靖彦

発行所　株式会社 学研プラス
　　　　〒141-8415
　　　　東京都品川区西五反田 2-11-8

印刷所　共同印刷株式会社

NDC 451　144p　29.1cm
ISBN978-4-05-204794-7
©Gakken

本書の無断転載、複製、複写（コピー）、翻訳を禁じます。
本書を代行業者等の第三者に依頼してスキャンやデジタル化することは、
たとえ個人や家庭内の利用であっても著作権法上、認められておりません。

■ この本に関する各種お問い合わせ先
○ 本の内容については
　　TEL 03-6431-1280（編集部直通）
○ 在庫については
　　TEL 03-6431-1197（販売部直通）
○ 不良品（乱丁、落丁）については
　　TEL 0570-000577
　　学研業務センター
　　〒354-0045　埼玉県入間郡三芳町上富 279-1
○ 上記以外のお問い合わせは
　　TEL 03-6431-1002（学研お客様センター）

■ 学研の図鑑 LIVE の情報は下記をご覧ください。
　　http://zukan.gakken.jp/live/
■ 学研の書籍・雑誌についての新刊情報・詳細情報は下記をご覧ください。
　　学研出版サイト　http://hon.gakken.jp/

※ 表紙の角が一部とがっていますので、お取り扱いには十分ご注意ください。

10種雲形の見分け方

雲は、その形や高さによって大きく10種類に分けることができます。これを10種雲形とよびます。ここでは、本書でも紹介している10種雲形を見分けるのに便利なチャートを紹介します。

雲はどんな形？

- **細いすじがある**
- **丸みがある**
  - **低い空からもくもく**
    - あまり高くない、わたのよう
    - 高く広がり、はげしい雨や雷も
  - **上の方でたくさんのかたまり**
    - 高い空で真っ白で小さい
    - やや高い空で少し大きく、影がある

巻雲
（すじ雲）

積雲
（わた雲）

積乱雲
（にゅうどう雲・かなとこ雲）

巻積雲
（うろこ雲・いわし雲）

高積雲
（ひつじ雲）